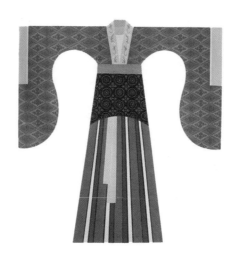

褒衣洒脱博带宽

——六朝人的衣柜

黄强 著

商务印书馆
创于1897　The Commercial Press

图书在版编目(CIP)数据

褒衣洒脱博带宽:六朝人的衣柜/黄强著.—北京:
商务印书馆,2021
ISBN 978-7-100-19325-2

I.①褒… II.①黄… III.①服饰—历史—中国—
六朝时代 IV.①TS941.742.35

中国版本图书馆 CIP 数据核字(2021)第 005469 号

褒衣洒脱博带宽
——六朝人的衣柜
黄强 著

商 务 印 书 馆 出 版
(北京王府井大街 36 号 邮政编码 100710)
商 务 印 书 馆 发 行
北京中科印刷有限公司印刷
ISBN 978-7-100-19325-2

2021 年 5 月第 1 版   开本 880×1230 1/32
2021 年 5 月北京第 1 次印刷   印张 10
定价:59.00 元

目录

自序

六朝的概念有南六朝、北六朝、泛六朝之说。吴、东晋、宋、齐、梁、陈六个在南京建都的朝代称为南六朝。习惯上采用南六朝概念的居多。本书的六朝即采用南六朝的概念。[①]（魏、西晋、后魏、北齐、北周、隋称北六朝，整个魏晋南北朝泛称六朝。）

南京是一个有独特个性、独特魅力的城市，一个有着深厚文化内涵的历史古都。在中国历史发展进程中，南京是一个举足轻重的城市。历史上的南北对峙，以及设想中的划江而治，都与南京有关。南京的文化，南京的经济，曾经发挥着重要的作用。中国历史上有一个奇特的现象，六朝、明代、民国，尽管时间不是很长，但是都曾经产生过辉煌，而且都曾建都在南京。虽然有学者说南京文化不是积极向上，属于享乐的文化，理由是在南京建都的朝代时间都不长，包括南唐、太平天国在内。所谓奇特，就是为什么时间不长的朝代，六朝金粉、十里秦淮的南京，会诞生许多可圈可点的文化。西方学者认为，以建康（今南京市）为代表的六朝文化，和同时期的古罗马文化，是人类文明的两大中心，具有民族特色的遗存、文物，就是重

---

① 卞孝萱：《六朝丛书总序》，见罗宗真：《六朝考古》，第 1 页，南京：南京大学出版社，1994 年。

要的物证①。历史上东汉末年战乱，五胡乱华，中华民族文化遭遇危险，汉民族面临生死存亡之际，都是在南京得到中兴，保存了中华民族文化的正统血脉。大概南京的独特、奇特，就在于它的历史、文化的与众不同，它在中国文明进程中的重要性。

六朝是发生在南京地区的六个朝代的总称，随着时间的推移，六朝的价值、光彩越来越散发出迷人的魅力，六朝渐渐受到社会的重视。六朝的历史文化研究成就斐然，著作可观，不仅中国通史、魏晋南北朝史的论著中有六朝的专论，六朝史专著也出版了不少，如朱偰《建康兰陵六朝陵墓图考》、姚迁、古兵《六朝艺术》《南朝陵墓石刻》，梁白泉《南京的六朝石刻》，林树中《六朝艺术》等。南京大学出版社出版过六朝丛书，涉及六朝考古、六朝思想史、六朝园林等领域；南京出版社出版的六朝丛书，涵盖了六朝宗教、文化、文物、民俗等多个方面。六朝研究趋向繁荣，六朝研究的领域，涉及的范围似乎已经穷尽。其实不然，六朝灿烂的文化，仍然有取之不竭的源泉，六朝领域仍然存在空白点，六朝的服饰就是一个迄今为止尚未细挖深掘的宝藏。虽然说许多著作都涉及六朝服饰，但是六朝服饰的专著却寥寥无几。

学者们在研究六朝史、六朝文化时，似乎遗忘了六朝服饰，淡忘了六朝服饰文明。被历史乃至世人放置于墙角的六朝服饰，并不甘于冷落，它在遗忘的角落里依然保存着灿烂的辉煌，只

---

① 卞孝萱：《六朝丛书总序》，见罗宗真：《六朝考古》，第1页，南京：南京大学出版社，1994年。

是它被未知的帷幔覆盖着，世人未能看到它们的光彩。这并不是说学者们有意回避六朝的服饰，压制六朝服饰的光辉，而是因为年代的久远，岁月的湮没，六朝服饰出土实物非常稀少，文献记录也不够详细，后人想了解六朝服饰的文明，再现昔日的辉煌，非常艰难。六朝服饰就像散落的珍珠，被掩盖在历史的尘封中，不为人识，鲜为人知。

　　六朝所处的时期是南北对峙，历史习惯上划归于魏晋南北朝。六朝是魏晋的一部分，含晋，不含北方的魏，是南北朝的一部分南方的政权。因此在概念上有交叉、交融和分立的内容。六朝中的宋、齐、梁、陈与北方的北魏等对应，南方的服饰受到北方服饰的影响，六朝服饰史的研究对象是南方服饰，必然要淡化北方服饰，但由于两者互为影响，想剥离很困难。比如说裲裆、袴褶，南北都有，但是北方的裲裆、袴褶影响更大，南方的裲裆、袴褶是从北方流传过来的。说到南朝的裲裆、袴褶，必然要论及北朝的裲裆、袴褶。

　　六朝开放的思想，彰显个性，迸发出对生命的渴望。对物欲的追求，敢爱敢恨，我行我素，也推动了放浪形骸、个性化的服饰"褒衣博带"的诞生。时尚、潮流，标贴出六朝服饰的个性元素、文化内涵，使得六朝服饰成为中国服饰变迁中颇具浓厚时代特色的个性化的服饰。褒衣博带固然是六朝服饰的特点，袴褶服何尝不是六朝的个性服饰？飞天髻、灵蛇髻何尝不是六朝独创的发型？

　　六朝是中国历史上一个重大变化的时期，也是一个独特的时代，一方面社会动荡，政权更替频繁，另一方面思想解放，观念更新。传统思想与开放观念碰撞，非常活跃。六朝是短暂的王朝，六个朝代加在一起，时间不过三百多年。但是短暂的六朝，并非一切都是短暂的，没有价值的。隋唐时期，尤其是唐朝，是中国历史上鼎盛的时期，大唐气象，大唐气魄，生机勃发，其经济繁荣是建立在南北朝时期经济基地的基础之上。六朝在文化上的贡献更为显著。魏晋的文人风度、竹林七贤、山水田园诗派（陶渊明、谢灵运等大诗人）、文学理论（刘勰《文心雕龙》、钟嵘《诗品》），以及六朝志怪小说，无一不闪烁着智慧的光辉。范文澜先生认为六朝在文化上的成就是划时代的，宗白华先生也指出：汉末魏晋六朝是中国政治上最混乱、社会上最苦痛的时代，然而却是精神史上极自由、极解放，最富于智慧，最浓于热情的一个时代。因此也就是最富有艺术精神的一个时代[①]。

六朝的服饰凝聚着南北民族交流、南北文化交融的智慧灵光，是中华服饰文明进程的一次折射，彰显出时代精神、人文气息，并散发出迷人的魅力。"一种风流吾最爱，六朝人物晚唐诗。"日本诗人大沼枕山曾经如此评价六朝人物，其实也是对六朝文化、六朝文明的评价。这是一种时代的风流、时代的魅力、时代的精神对后世的感染。褒衣博带既是六朝服饰的代表，也是六朝人物的风流之举。

夕阳西下，漫步在南京夫子庙乌衣巷，朱色大门的王谢故居笼罩在斜阳下，目送匆匆而过的游客，轻吟刘禹锡的诗篇："朱雀桥边野草花，乌衣巷口夕阳斜。旧时王谢堂前燕，飞入

① 宗白华：《美学散步》，第 177 页，上海：上海人民出版社，1981 年。

寻常百姓家。"仿佛回到了一千多年前的六朝，见到了身着黑色戎装的乌衣军，品味着六朝的风格，体验着六朝的格调，感悟着六朝的风情，吟诵出：数风流人物，还看六朝。

黄强（不息）
庚寅年清明节后初稿，天星翠琅
己亥年冬至改定，祥和雅苑

第一章 六朝烟水叹前因

——六朝的历史背景

六朝在中国历史上是一个重大变化的时期，是一个哲学重新解放、文献逐渐独立、思想非常活跃、收获十分丰富的时期，这个时期出现了新事物、新文化、新变化，对于后世具有深远的影响。

第一节　六朝的概念

六朝在中国历史是一个特殊的时期，处于魏晋南北朝民族大迁徙、大交流的一个阶段。战争导致人口迁徙，民族文化交流，北方的文化、科技被带到南方，中国经济的重心开始向南方转移，中国的政治、经济、军事，以及哲学、宗教、文学的文化意识形态等诸方面都经历着转折，并且在转移、转折中变化、发展，凤凰涅槃，诞生出六朝灿烂的文明与辉煌的文化。六朝史学家罗宗真认为"忽视或贬低这段历史的应有地位，这种看法是错误的"。"大分裂时期的东晋、十六国，南方比较安定，社会经济向上发展；南北朝时北方经济也在恢复，把这个历史阶段说成一无成就的黑暗时代，显然不符合史实。这个时期，在学术思想、宗教哲学、科学技术、文化艺术等方面，有的继承了秦汉以来的传统，有的吸收了外来的因素，它们均为唐宋以后的繁荣和发展准备了条件。"[①]

自公元 229 年吴王孙权称帝开始，至公元 589 年隋灭陈统一中国止，这段时期里，先后有孙吴、东晋、（刘）宋、（萧）齐、（萧）梁、陈六个王朝在南京（孙吴时称建业，东晋南朝

① 罗宗真：《六朝考古》，第 3-4 页，南京：南京大学出版社，1994 年。

时称建康）建都，历史上，习惯将这六个王朝统称为六朝[①]。

一、六朝的时间

孙吴（222-280），创立者孙权。建安十五年（210），孙权取得东南半壁江山。建安十六年，孙权徙治秣陵（今江苏南京），次年改秣陵为建业。建安二十四年（219），孙权将治所迁到公安（今湖北公安）。229 年夏，孙权于武昌（今湖北鄂州）正式称帝（东吴大帝），国号吴，同年秋迁都建业。252 年孙权死后，孙亮、孙休、孙皓先后继帝位。天纪三年（279）十一月，晋伐孙吴，天纪四年三月，吴主孙皓向晋将王濬投降，孙吴灭亡。孙吴朝历四帝，共五十二年。

图 1-1 孙权大帝像（阎立本《历代帝王像》）

东吴政权建立者孙权（182-252），黄龙元年（229）在武昌称帝，国号吴，不久迁都建业（今江苏南京）。在位二十四年，葬于南京东郊梅花山蒋陵。阎立本帝王像以着冕服为主，如汉昭帝刘弗、汉光武帝刘秀、吴大帝孙权、魏文帝曹丕、蜀昭烈帝刘备、晋武帝司马炎、北周武帝宇文邕、隋文帝杨坚、隋炀帝杨广等；着大袖袍戴白纱帽、卷荷帽、菱角巾的则是陈文帝陈蒨、陈宣帝陈顼、陈废帝陈伯宗、陈后主陈叔宝等。

---

① 张耀华：《六朝文化丛书·总序》，见许辉、李天石：《六朝文化概论》，第 1 页，南京：南京出版社，2004 年。

东晋（317-420），创立者司马睿。建兴四年（316）十一月，匈奴刘曜攻陷长安，西晋灭亡。随后，晋朝王室琅琊王司马睿于建武元年（317），在江左建康称晋王，第二年称帝（晋元帝），重建晋政权，史称东晋。404年，桓玄废晋安帝，自立为皇帝，国号楚。但是桓玄刚登帝位，就受到位于京口（今江苏镇江）的实权派人物刘裕的攻击。刘裕率众1700多人攻进建康，桓玄逃往江陵。随后，晋兵杀桓玄，消灭桓氏一族，刘裕恢复晋安帝的皇帝名义。元熙二年（420），刘裕废东晋恭帝司马德文，东晋灭亡。东晋历十一帝，共一百零三年。范文澜先生认为东晋首尾一百零四年[1]。

宋（420-479），创立者刘裕。废黜晋恭帝后，刘裕自立为帝（宋武帝），国号宋，史称刘裕所建的宋朝为刘宋。424年，宋文帝刘义隆即位，长江流域在宋文帝统治下的三十年里，呈现出东晋以来未曾有的繁荣气象。昇明三年（479），刘宋禁军将领萧道成逼宋顺帝退位，夺取刘宋政权，刘宋灭亡。刘宋朝历八

图1-2 宋武帝刘裕像

六朝刘宋政权创立者刘裕（363-422），小名寄奴。永初元年（420），刘裕代晋自立，定都建康（今江苏南京），国号"宋"。开创了江左六朝疆域最辽阔的时期，为"元嘉之治"打下坚实的基础。明人李贽誉之为"定乱代兴之君"，也有"南朝第一帝"之称。

---

① 范文澜：《中国通史》第二册，第467页，北京：人民出版社，1978年。

帝，共五十九年。范文澜先生认为刘宋首尾六十年①。

齐（479-502），创立者萧道成。夺取刘宋政权后，萧道成称帝（齐高帝），建立齐政权。此时在北方也有个齐政权，史家把萧道成的齐政权，称为南齐。齐高帝改革宋孝武帝以来的暴政，提倡节俭，他对民众的剥削比宋朝轻，因此稳定了齐朝政权。

图 1-3　齐高帝萧道成像

六朝萧齐政权创立者萧道成（427-482），字绍伯，小字斗将，东海郡兰陵（今江苏常州）人。其父萧承之系刘宋时期著名武将。宋明帝时，先后镇守会稽郡、淮阴郡，累迁南兖州刺史。后受封齐王，总掌军国大权。宋昇明三年（479），禅让即位，建立南齐。

即位者齐武帝遵遗嘱不杀诸弟，朝政严明，境内外十几年没有战事，南朝民众又得到一段休养生息的时期。然而，齐明帝继位后，又走上了宋孝武帝、宋明帝的旧路，兄弟残杀，大杀齐高帝、齐武帝的诸子，引起内乱，这就给萧衍起兵带来机会。乘南齐君臣互相残杀、政局极端混乱之际，501 年，镇守襄阳的雍州刺史萧衍举兵东下攻入建康，502 年萧衍在建康称帝，南齐灭亡。南齐朝历七帝，共二十四年。范文澜先生认为齐朝六帝，首尾二十三年②。

---

① 范文澜：《中国通史》第二册，第 472 页，北京：人民出版社，1978 年。
② 同上书，第 474 页。

图1-4 梁武帝萧衍像

六朝萧梁政权创立者萧衍（464-549），中兴二年（502），接受萧宝融"禅让"，建立梁朝。信奉佛教，四次舍身出家。在位四十八年，在南朝诸帝中位列第一。梁武帝作《断酒肉文》，从此以后，中国僧人食素，禁酒肉。宋人王十朋有诗《梁武帝》云："不法先王治用儒，拾身倾国事浮屠。堪嗟饿病台城日，曾得空王救死无。"

梁（502-557），创立者萧衍。天监元年（502）萧衍称帝，国号梁，是为梁武帝。梁武帝在位四十八年，国境内平静无战事。当时北朝已经衰乱，无力大举南侵，南北两朝间不曾发生决定存亡的大战争。本来，梁朝这一时期是休养生息、发展经济的好时机，但是梁武帝是个表面慈祥、内心残暴的统治者。他宽纵皇族，提高诸王的权力，为后期的政权争夺、骨肉相残埋下了祸端。梁朝的法律具有两面性，一方面对亲属、士族实行宽松的法律，犯法从轻从宽；另一方面对民众则实行苛政，民众犯法，用法极严，并实行连坐法，一人逃亡，全家受牵连罚作苦劳役[①]。侯景之乱，对梁朝打击沉重，549年，侯景攻入建康台城，梁武帝被围困在同泰寺内饿死。侯景之乱是六朝时期最大的灾难，梁朝由此一蹶不振，由盛转衰。太平二年（557），陈霸先废梁敬帝，梁朝灭亡。梁朝历四帝，共五十五年。范文

① 侯外庐主编：《中国大百科全书·中国历史卷》，第573页，北京：中国大百科全书出版社，1992年。

图 1-5　陈武帝陈霸先像

六朝陈朝开国皇帝陈霸先（503-559），字兴国，吴兴（今浙江长兴）人。早年担任新喻侯萧映（梁武帝侄子）传令吏，梁大同十年（544）广州兵乱一战解围，受梁武帝瞩目。曾镇守京口（今江苏镇江），梁承圣四年（555），北齐派兵南向，护送贞阳侯萧渊明即位。九月，陈霸先在京口举兵，太平二年（557）受梁禅称帝。

澜先生认为梁朝首尾五十六年[1]。

　　陈（557-589），创立者陈霸先，是为陈武帝。陈朝二十五年统治，虽然也有战争，国内的叛乱也不断，但是梁朝末期遭受的经济与文化的大破坏，逐渐得到恢复。然而到了陈后主陈叔宝执政时，荒淫无道的陈后主又过上了醉生梦死的生活，"赋税繁重，民不堪命，刑罚苛暴，牢狱常满"，天怒民怨，众叛亲离[2]。"商女不知亡国恨，隔江犹唱后庭花。"祯明二年（588），隋朝以杨广为统帅，发兵五十一万，分八路南下攻陈，次年隋将韩擒虎自横江（今安徽和县）直渡采石，攻入建康，俘虏后主陈叔宝，陈朝灭亡。陈朝历五帝，共三十三年。

　　从公元 229 年孙权称帝建立吴国，到公元 589 年隋朝灭陈，孙吴、东晋、宋、齐、梁、陈六个朝代，前后存在了三百六十一年。

---

① 范文澜：《中国通史》第二册，第 490 页，北京：人民出版社，1978 年。
② 同上书，第 492 页。

从学术上讲，六朝有两个概念：一种是指孙吴、东晋、宋、齐、梁、陈，这是普遍的概念；还有一种是广义上的"大六朝"概念，即魏晋南北朝近四百年的历史时期，日本学者多用此概念①。

二、六朝的疆域范围

吕思勉先生指出："魏、晋之际，中国盛衰强弱之大界也。自三国以前，异族恒为我所服，至五胡乱起，而我转为异族所服。"②六朝疆域比较狭小，主要活动地点（都城）在南京，国家疆域较小。

东吴疆域，割据江东，东抵东海，南及南海兼有交趾（今越南北部），北至江北与曹魏为界，西延三峡及今湖南、贵州、云南、广西边界与蜀汉为邻。以今地论，包括浙江、上海、福建、江西、广东、湖南等省市的全部，湖北、安徽、江苏、广西、贵州等省区的一部分及越南的中北部、四川的一隅。在三国之中，孙吴的疆域较曹魏小而较蜀汉大。孙策时期，江东政权占据了吴郡、会稽、丹阳、庐江、豫章、庐陵等六郡，控制了长江下游今大别山、幕阜山、九岭山、罗霄山以东，广东省以北，东至海，北抵江等广大区域，奠定了孙吴疆域的基础。自建安八年（203），孙权首征黄祖开始，至222年猇亭之役止，孙权夺取荆州，前后费时凡二十年，而自有荆州之后，孙吴疆域形势遂成稳固。

---

① 有些观点将孙吴之后、东晋之前、西晋统一江南的三十七年纳入六朝的范围。见许辉、李天石主编：《六朝文化概论》，第6页，南京：南京出版社，2004年。

② 吕思勉：《两晋南北朝史》，第1页，上海：上海古籍出版社，2007年。

图 1-6　台城（摘自朱偰《金陵名胜影集》）

台城是六朝的象征，宋人洪迈《容斋随笔·台城少城》记载："晋宋间谓朝廷禁省为台，故称禁城为台城。"晋代"台城"，在今南京市鸡鸣山南乾河沿北，其地本三国吴后苑城，东晋成帝时改建作新宫，遂为宫城。唐人刘禹锡《台城》曰："台城六代竞豪华，结绮临春事最奢。万户千门成野草，只缘一曲后庭花。"

东晋政权疆域变化较大，各时期不同，大致上北抵淮南、江北，东及东海，南达南海兼有交趾，北抵黄河。东晋刘裕义熙年间北伐，平南燕，灭后秦，疆域扩大，东北拥有山东半岛，西北有关中，后来关中丧失。

刘宋政权强盛时，北以秦岭、黄河（今黄河稍北）与北魏为界，西至四川大雪山，西南包括云南，南以今越南横山与林邑接壤，东、东南抵海，这是南朝疆域最大的时期。后来河南、淮北逐渐为北魏所侵夺，刘宋疆域几乎回复到东晋末年原有的版图。

萧齐政权统治只有二十四年，是南北朝时期最短促的一个朝代。建都在建康（今南京），统治的地区西至现在四川，北至淮河、汉水，萧鸾时期又在淮河以南失去一些地方。齐朝疆域大致与宋后期相同，北界时有变动，后来内移到大巴山脉、淮河以南一线。

萧梁政权疆域起初与萧齐后期相仿佛，一度乘北魏衰乱而向北发展，并几乎恢复到刘宋初期疆域。等到侯景之乱后，长江以北沦陷于北齐，巴蜀地区沦陷于西魏，放弃云贵高原于当地少数民族，不久又失襄樊一带于西魏，失江陵一带于西魏的附庸国后梁。

陈朝政权是南朝统治范围最小的一个政权，疆域只局限于江陵以东、澄江以南的狭小地带，是版图最小的一个朝代。

六朝的疆域是变化的，时大时小。晋末宋初疆域最大，其疆域面积在 260 万—290 万平方公里。陈朝疆域面积最小，在 100 万—130 万平方公里之间。换言之，刘宋政权疆域较之陈朝大一倍以上。在魏晋南北朝时期，六朝各朝代的疆域并不是最小的，用现代政治地理学的标准来衡量，疆域在 100 万平方公里以上的属于大型国，那么，六朝包括疆域面积最小的陈朝也属于大型国的标准。

三、六朝的人口数量

六朝时期，汉民族人口迁移，规模庞大，历时长久，影响深远，均超过以前任何一个历史时期。人口迁移产生多方面的影响。建安初年迁往东吴的百工及鼓吹部曲三万余人，对以后江东地区手工业的发展起了促进作用。东汉时期经济状况比较落后的东吴，到孙吴中后期，农业、手工业、商业都有一定程度的发展。"六朝时期，北人南迁，南方山越诸族与汉族也逐渐融合，不仅增加了开发南方的劳动力，也意味着扩大了南方

图 1-7 西晋青瓷羊（南京博物院藏）

青瓷是六朝代表性的瓷器，在中国陶瓷史上占有一席。六朝青瓷承上启下，上承汉代瓷器创造的成就，下为隋唐青釉瓷器鼎盛期奠定了基础。青色是六朝的代表色，称为六朝青。青瓷羊，是流行于东吴和东晋之间的六朝青瓷典型器。

的开发地区。"[1] 东吴立国与外来人口有关，建国初年的重要人物张昭、周瑜、鲁肃、程普、吕范都是江北人氏。

大规模人口迁移历时一百多年，分为三期。第一期是西晋永嘉之乱至东晋元、明、成帝时；第二期是东晋康帝、穆帝以后至东晋末年；第三期是刘宋少帝至明帝时。人口南迁，以东晋时最盛[2]。

西晋人口约 700 万。刘宋时，全国人口约 540 万，南渡人口 90 万，占 1/6[3]。六朝时建康人口四五十万，也有说 150 万的，但估计没有这么多，毕竟当时全国总人口才 540 万。建康城的人口有四五十万就已经非常庞大了。

① 胡阿祥、李天石、卢海鸣：《南京通史·六朝卷》，第 225 页，南京：南京出版社，2009 年。

② 许辉、李天石主编：《六朝文化概论》，第 79 页，南京：南京出版社，2004 年。

③ 同上书，第 80 页。

四、六朝纪年表①

[吴] 公元 222 年，黄武，大帝孙权

229 年，黄龙

232 年，嘉禾

238 年，赤乌

251 年，太元

252 年，神凤

建兴，吴主孙亮

254 年，五凤

256 年，太平

258 年，永安，景帝孙休

264 年，元兴，末帝孙皓

265 年，甘露　魏亡　[西晋] 泰始，武帝
司马炎

266 年，宝鼎

269 年，建衡

272 年，凤凰

275 年，天册

276 年，天玺

277 年，天纪

280 年，吴亡　[西晋] 太康

公元 290 年，太熙

永熙，惠帝司马衷

---

① 本纪年表以范文澜《中国通史》第二册所附年表为基础，参酌其他年表编制而成。

307 年，永嘉，怀帝司马炽

313 年，建兴，愍帝司马邺

316 年，西晋亡

［东晋］公元 317 年，东晋建武，元帝司马睿

322 年，永昌

323 年，太宁，明帝司马绍

326 年，咸和，成帝司马衍

335 年，咸康

343 年，建元，康帝司马岳

345 年，永和，穆帝司马聃

357 年，升平

362 年，隆和，哀帝司马丕

363 年，兴宁

366 年，太和，废帝司马奕

371 年，咸安，简文帝司马昱

373 年，宁康，孝武帝司马曜

376 年，太元

397 年，隆安，安帝司马德宗

402 年，元兴

405 年，义熙

419 年，元熙，恭帝司马德文

420 年，东晋亡

［宋］公元 420 年，永初，武帝刘裕

423 年，景平，少帝刘义符

424 年，元嘉，文帝刘义隆

453 年，太初，刘劭

454 年，孝建，孝武帝刘骏

457 年，大明

465 年，永光，废帝刘子业

景和

泰始，明帝刘彧

472 年，泰豫

473 年，元徽，废帝刘昱

477 年，昇明，顺帝刘准

479 年，宋亡

［齐］公元 479 年，建元，高帝萧道成

483 年，永明，武帝萧赜

494 年，隆昌，郁林王萧昭业

延兴，海陵王萧昭文

建武，明帝萧鸾

498 年，永泰

499 年，永元，东昏侯萧宝卷

501 年，中兴，和帝萧宝融

502 年，齐亡

［梁］公元 502 年，天监，武帝萧衍

520 年，普通

527 年，大通

529 年，中大通

535 年，大同

546 年，中大同

547 年，太清

548 年，正平，临贺王萧正德

550 年，大宝，简文帝萧纲

551 年，天正，豫章王萧栋

552 年，承圣，元帝萧绎

555 年，天成，建安公萧渊明

　　　　绍泰，敬帝萧方智

556 年，太平

557 年，梁亡

［陈］公元 557 年，永定，武帝陈霸先

560 年，天嘉，文帝陈蒨

566 年，天康

567 年，光大，废帝陈伯宗

569 年，太建，宣帝陈顼

581 年，太建十三年 ①

583 年，至德，后主陈叔宝

587 年，祯明

589 年，陈亡

第二节　六朝历史特点

　　六朝是中国历史上最为动荡、分裂的时期，属于乱世。由东汉中期开始的战乱，导致老百姓颠沛流离，"白骨露于野，千里无鸡鸣"（曹操《蒿里行》）是当时社会的真实写照。长期的战争、饥荒、天灾、疫病，迫使北方人民背井离乡，向南

---

① 据范文澜《中国通史》第二册附《南北朝纪年表》，陈代终于此年。实际上，公元 581 年隋建立后陈并未灭亡，并持续到公元 589 年。

图 1-8　南朝飞仙纹砖
（常州博物馆藏）
由四块并列的长方体砖的侧面分段模印，组合成的飞仙图案。飞仙面朝左，头戴冠饰，脸部丰满，手捧葫芦形净瓶，冠饰和衣服的飘带似随风摇摆，体态婀娜飘逸。

方迁移。因此，魏晋南北朝时期也是民族迁徙、交流、融合的时期①。

《晋书·食货志》说："人相食啖，白骨盈积，残骸余肉，臭秽道路。"②公元 301 年，整个黄河流域遭遇大蝗灾，草茎树叶甚至牛羊毛都被吃光。接着发生大瘟疫，在北方广大地区，人们无处可逃。饿死、病死以及被杀死的人，"流尸满河，白骨蔽野"，不再似人间世界③。

六朝之前的东汉末年，豪强割据，战争频发，人们生活在水深火热之中。"西晋之后的长时间里，中国仍然是动荡、分裂的状态；中原士族逃奔江南，在中国南方建立了东晋王朝，以后相继演变为南朝宋、齐、梁、陈四个王朝。"④

---

① 黄强：《中国内衣史》，第 33 页，北京：中国纺织出版社，2008 年。
② 〔唐〕房玄龄等撰：《晋书》，第 782 页，北京：中华书局，2010 年。
③ 范文澜：《中国通史》第二册，第 396 页，北京：人民出版社，1978 年。
④ 张耀华：《六朝文化丛书·总序》，见许辉、李天石主编：《六朝文化概论》，第 1 页，南京：南京出版社，2004 年。

一、六朝朝代更替变化频繁

魏晋南北朝时期，在西晋灭亡之后，中国再次出现南北对峙分裂的格局。北方出现了十六国，政局极为动荡，南方出现的东晋以及宋齐梁陈四个朝代，同样是政权争夺、朝代更替的战乱时期。社会动荡、分裂，社会政权极不稳定。

朝代的更替，始于朝廷内部的权力争斗。290年，晋武帝死，杨骏、杨皇后夺取政权，大乱从宫廷内开始。291年，贾皇后杀死杨骏，夺得政权。贾皇后指使汝南王司马亮辅政，又指使楚王司马玮杀司马亮，而后，贾皇后又杀司马玮。接着爆发了八王之乱，大乱从宫廷内伸展到宗室诸王间。300年，赵王司马伦杀贾皇后。301年，司马伦废掉晋惠帝，自称皇帝，大乱扩大成

图1-9 《洛神赋》第一卷局部（故宫博物院藏）

绢本，设色，纵27.1厘米，横572.8厘米。东晋画家顾恺之根据曹植《洛神赋》绘制。全卷分为三个部分，曲折细致而又层次分明地描绘着曹植与洛神真挚纯洁的爱情故事。洛神之美，曹植《洛神赋》有云："肩若削成，腰如约素。延颈秀项，皓质呈露。芳泽无加，铅华不御。云髻峨峨，修眉联娟。丹唇外朗，皓齿内鲜。明眸善睐，靥辅承权。瑰姿艳逸，仪静体闲。柔情绰态，媚于语言。奇服旷世，骨像应图。披罗衣之璀粲兮，珥瑶碧之华琚。戴金翠之首饰，缀明珠以耀躯。践远游之文履，曳雾绡之轻裾。"

诸王间的大混战。304年后，幽州都督王浚与并州都督东嬴公司马腾起兵反对成都王司马颖，王浚勾结一部分鲜卑、乌桓人充当骑兵，司马颖也求匈奴左贤王刘渊助战，刘渊发动匈奴五部兵，据离石自立，建号大单于，诸王间大混战从此扩大到各族间的大混战[①]。

六朝的政治斗争残酷，城头变幻大王旗，门阀士族的头面人物总要被卷进上层政治旋涡，名士们一批又一批地被送上刑场。六朝时期尤其是魏晋时期的文人为了躲避政治的迫害，不得不采取后世认为放纵、无礼的行为，"每非汤、武而薄周、孔"，"越名教而任自然"。例如阮籍原本在政治上倾向于曹魏皇室，对司马氏集团不满，对政治又无可奈何，只好采取明哲保身的

图1-10 顾恺之《洛神赋图卷》龙舟局部
全画用笔细劲古朴，恰如"春蚕吐丝"。用山川景物的绘制来展示空间美，人物安排疏密得宜，与自然景物交替、重叠、交换。

① 范文澜：《中国通史》第二册，第376-377页，北京：人民出版社，1978年。

方法，或者闭门读书，或者登山临水，或者酩醉不醒，或者缄口不言。钟会是司马氏的心腹，多次探问阮籍对时事的看法，回答是与不是，都将获罪，阮籍就采取饮酒酩醉的办法躲避。司马昭想与阮籍联姻，阮籍大醉六十天，使两家婚姻不能进行。阮籍虽然获得了放荡佯狂、违背礼法的骂名，却最终得以终其天年①。残酷的现实，严峻的政治，让思想开放的六朝人经历着考验，他们的放纵，既是对现实的强烈愤懑，也是一种明哲保身的策略。在生与死面前，人们不得不采取变通、圆融，甚至退让的方法，而要发泄心中的郁结、不满，只有服药癫狂，饮酒求醉，白眼待客，在行为上张狂，在服饰上怪诞。他们的言行出格，不是仅仅针对某个人、某件事，而是针对社会，是一种面对环境采取的对策。嵇康耿直，为受诬陷不孝的吕安申辩作证，触怒司马昭，被处死。尽管有三千太学生集体请愿，最终还是逃不过政治迫害，一曲《广陵散》成为绝唱。何晏、陆机陆云、张华、潘岳、郭璞、刘琨、谢灵运、范晔、裴頠……这些当时第一流的诗人、作家、哲学家，被毫不留情地杀戮②。

二、六朝对中国历史的贡献

魏晋南北朝是中国历史上动荡、分裂的时期，六朝虽然是偏安王朝，与北朝划地而治，南朝与北朝对抗、交战、僵持，但是并不能因此就把六朝视为分裂的政权。范文澜先生认为："西晋灭亡后，黄河流域在少数族统治下，长期遭受严重的破坏，汉族在长江流域建立本族政权，抵抗少数族的南来蹂躏，这是

---

① 徐公持：《阮籍》，周扬主编：《中国大百科全书·中国文学卷》，第 669 页，北京：中国大百科全书出版社，1988 年。
② 李泽厚：《美的历程》，第 101 页，北京：文物出版社，1989 年。

有利于民众的事业，不能看作分裂和割据。"①

六朝是短暂的王朝，六个朝代加在一起，时间不过三百多年，与殷商 496 年、西周 791 年、汉代 422 年的基业，都无法相比，但是比之于鼎盛的唐朝 289 年（618-907）、明朝 276 年（1368-1644）、清朝 267 年（1644-1911）都不能算短，只是六朝时期由六个朝代构成，政权更替频繁。谢肇淛《五杂俎》曰："孙氏及晋不过百年，宋、齐、梁、陈为祚愈促。"②

但是短暂的六朝，并非所有的一切都是短暂的，没有价值的。六朝对中国历史的发展有过贡献，体现在经济与文化方面。范文澜先生认为："东晋时期，北方汉族人大量南迁，长江流域经济有很大的发展，逐渐接近黄河流域未遭破坏时的经济水平，文化的兴盛，更远远超过当时的北方。南朝文化为隋唐统一时期高度文化奠定了基础。……南朝以前，中国经济文化的主要基地只有一个黄河流域，经过南朝，长江流域也成为主要基地，中国经济文化的主要基地从此扩大了一倍，封建社会也就得到进一步的发展。"③

隋唐时期，尤其是唐朝，是中国历史上鼎盛的时期，大唐气象，大唐气魄，勃发的生机，其经济繁荣乃是建立在南北朝时期经济基地的基础之上。

六朝在文化上的贡献更为显著。魏晋的文人风度，竹林七贤；山水田园诗派的诞生，涌现出陶渊明、谢灵运等山水大诗人；刘勰的《文心雕龙》，开创文学批评的典范；钟嵘与《诗

① 范文澜：《中国通史》第二册，第 492-493 页，北京：人民出版社，1978 年。
② 〔明〕谢肇淛：《五杂俎》，第 47 页，上海：上海书店出版社，2009 年。
③ 范文澜：《中国通史》第二册，第 493-494 页，北京：人民出版社，1978 年。

品》，六朝志怪小说的诞生……都给这个时代带来别样的光彩。

范文澜先生说，东晋南朝在文化上的成就是划时代的。"中国古文化极盛时期首推汉唐时期，南朝却是继汉开唐的转化时期，唐代文化的成就，大体是南朝文化的更高发展。"①

第三节　六朝的文化

魏晋风度作为这一时期大批门阀士族，发展到包括后世更广泛的文人士大夫阶层所信仰的一种新的生活理想和行为模式，彻底否定、割裂、扬弃了汉人对于儒学、功业等外在品行节操的追求，而执着于人的内心精神和潜在的无限可能性，张扬人的格调、才情、气质、心绪、意兴的清高脱俗与潇洒不群，真正实现了孔孟所说的"无道则隐""独善其身"和老子所说的"弱者道之用"的原则②。

一、人性的觉醒

由魏晋到六朝，"当时文化思想领域比较自由而开放，议论争辩的风气相当盛行"③。人们的思维意识中，"充满了时光飘忽和人生短促的思想与情感"④，在矛盾与怀疑的心态下，仍然有对人生的执着，对生命的渴望。六朝人并不是不珍惜生命，而是面对动荡的社会、脆弱的生命，更为珍惜生命，在短促的

---

① 范文澜：《中国通史简编》第二编，第409页，北京：人民出版社，1964年。
② 徐建融：《心境与表现——中国绘画文化学三论》，第144页，上海：上海人民美术出版社，1993年。
③ 李泽厚：《美的历程》，第87页，北京：文物出版社，1989年。
④ 王瑶：《中古文人史论》，第146页，北京：商务印书馆，2016年。

图 1-11　竹林七贤画砖印壁画南壁（南京博物院藏）

1960年4月南京西善桥宫山南朝大墓出土，长2.4米，高0.88米。竹林七贤与荣启期砖画出土了四块，另三块出土于丹阳胡桥南朝大墓、丹阳金家村南朝大墓、丹阳吴家村南朝大墓，以西善桥出土的保存得最为完好。西善桥的这幅分为两幅，砖画中人物八位，一幅中有嵇康、阮籍、山涛、王戎四人，另一幅是向秀、刘伶、阮咸与荣启期四人。八人均席地而坐，各具神态。其服饰与神情与人物吻合，人物之间以银杏、槐树、青松、垂柳、阔叶竹相隔。嵇康头梳双髻，手弹五弦；阮籍着长袍，一手支皮褥，一手置膝上，口作长啸状；山涛裹巾，一手挽袖，一手执杯而饮；王戎斜身靠几，手弄玉如意。

生命岁月中，发挥人生的价值，表象上是及时行乐，享受生活，实则是做自己想做的事，让理想放飞，是对生的留恋，对价值的提升。这是特定历史环境下，生命及其价值的提升与最大化。

《世说新语》记载：

　　王子猷（王徽之字子猷）尝暂寄人空宅住，便令种竹。或问："暂住何烦尔？"王啸咏良久，直指竹曰："何可一日无此君？"（《世说新语·任诞》）

　　毛伯成既负其才气，常称："宁为兰摧玉折，不作萧

敷艾荣。”（《世说新语·言语》）

　　王子猷、子敬（王献之字子敬）俱并笃，而子敬先亡。子猷问左右："何以都不闻消息？此已丧矣！"语时了不悲。便索舆来奔丧，都不哭。子敬素好琴，便径入坐灵床上，取子敬琴弹，弦既不调，掷地云："子敬，子敬，人琴俱亡！"因恸绝良久。月余亦卒。（《世说新语·伤逝》）

　　这些名士率性而动，藐视礼俗，以放纵性情为美，固然表现了他们对于礼法的抛弃，但是却是真情真意的自然流露。"闪烁出天然清真的人格光彩……成为千载之后为人景仰的一代风标。"①

　　宗白华在《论〈世说新语〉和晋人的美》中指出："汉末魏晋六朝是中国政治上最混乱、社会上最苦痛的时代，然而却是精神史上极自由、极解放，最富于智慧，最浓于热情的一个时代。因此也就是最富有艺术精神的一个时代。……这是中国人生活史里点缀着的最多悲剧，富于命运的罗曼司的一个时期，八王之乱、五胡乱华、南北朝分裂，酿成社会秩序的大解体，旧礼教的总崩溃、思想和信仰的自由、艺术创造精神的勃发，……这是强烈、矛盾、热情、浓于生命彩色的一个时代。"②

　　六朝人面对残酷的政治清洗和生命的毁灭，在慨叹无边的忧惧和深重的哀伤的双重压力下，以顺应环境、保全性命，或者是寻求山水、安息精神的方式，来表现他们对于社会的认识和对艺术的追求，率真通脱，痛并快乐着，"人，只要他以真

---

① 袁济喜：《六朝美学》，第150页，北京：北京大学出版社，1992年。
② 宗白华：《美学散步》，第177页，上海：上海人民出版社，1981年。

图 1-12　傅抱石绘《五柳先生》局部

纸本，宽 65.5 厘米，长 103 厘米。东晋陶渊明是中国第一位田园诗人，被称为"古今隐逸诗人之宗"。他不为"五斗米折腰"，挂印辞官，回归田园。"归去来兮，田园将芜，胡不归！""舟摇摇以轻扬，风飘飘而吹衣。"陶渊明崇尚自由，生活闲适，衣着简朴。傅抱石的绘画对于六朝人物颇多表现，山阴道上、东山携妓、竹林七贤、渊明沽酒都是他常画的题材。傅抱石以写意笔法，描绘陶渊明的神态和褒衣博带的衣着，衬托他洒脱、不拘小节的性情。

本质、真性情存在着，以真实、直率的姿态待人处事，处处裸露和展现着生命的本色与自然，他就会受到社会的首肯和褒奖，就是一个美的人格"①，由此构成了魏晋风度内在深刻的一面。所以，后世才会被六朝人的率真、坦诚、才情、品格所感染、所吸引，感受到他们艺术创造精神的勃发，思想与信仰的奔放，用才情与生命谱写的华彩篇章。

———————————

① 仪平策：《离离如星辰》，第 71-72 页，上海：上海古籍出版社，2018 年。

二、崇尚清谈

魏晋崇尚清谈，清谈从汉末"清议"演变而来。所谓魏晋清谈，指"魏晋时代的贵族知识分子，以探讨人生、社会、宇宙的哲理为主要内容，以讲究修辞与技巧的谈说论辩为基本方式而进行的一种学术社交活动"①。

何晏与王弼是魏晋玄学的奠基者，也是清谈的主要人物。魏晋清谈在太和初年形成，在正始年间达到高潮，其代表人物还有夏侯玄、裴徽、傅嘏、钟会、管辂、邓飏、司马师等。清谈的最高境界是"言约旨远"，以寥寥数语来表达深刻的含义。清谈家何晏、王弼论述三玄（周易、老子、庄子）在前，竹林七贤嵇康、阮籍等不遵礼法继后。但是魏晋之际，司马政权的诛杀异己，何晏、夏侯玄、嵇康等先后被杀，让人们提心吊胆，名士们也不敢聚在一起清谈了。此后乐广让清谈绝而复续，与他同时的王衍，这两位清谈的特点是"简至"。元康年间活跃的清谈家尚有裴𫖮、郭象、裴遐、裴楷等。

清谈带来什么？清谈原本谈学术，谈人生，哲理的辩论，但是一味地重言辞、辩论，也会出现重言轻行的情况，以逃避的方式，消极面对社会与政局。阮籍的白眼示人的行为，嵇康的鄙视权贵的不合作态度，都无法改变魏晋高压的政治环境。"魏晋之士放弃礼法，不复以礼自拘。及宅心艺术，亦率性而为，视为适性怡情之具。且士务通脱，以劳身为鄙，不以玩物丧志为讥。加以高门贵阀，雅善清言，兼矜多艺，然襟怀浩阔，见闻而外，别有会心。"②

---

① 唐翼明：《魏晋清谈》，第 28 页，成都：天地出版社，2019 年。
② 张亮采：《中国风俗史》，第 82 页，北京：东方出版社，1996 年。

对于清谈，有云"清谈误国"的评论，清谈确有内容背离传统与正统，搞坏社会风气的一面，但误国则不至于。因为清谈尚无这样的巨大作用，至于对生活时尚的影响则是存在的。

时代黑暗，生命脆弱，但是短暂的一生中依然要活出人的尊严，迸发出光彩，这是六朝人所处时代的局限，也是六朝人闪耀出来的光辉。短暂的生命并不可怕，如同流星划破苍穹，照亮天空，六朝人为生命赋予出新的内涵、新的激情，给后世留下了丰厚的文化资财。

第二章 褒衣洒脱博带飘

——六朝服饰的特点与分类

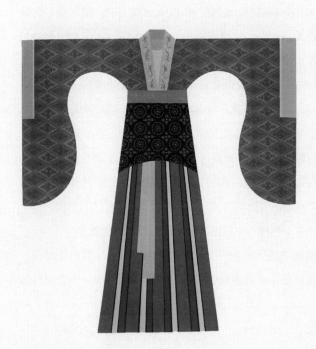

六朝是中国历史上南北对峙的时期，同时也是民族大融合的时期。北方的士族以及少数民族纷纷进入南方，在南方定居生活，把北方的胡服带到了南方，同时与南方本地的服饰结合起来，创造出新的服饰形制。

北方少数民族多为游牧民出身，生活中经常需要骑马，是生活在马背上的民族。骑马打仗注定了胡服圆领开衩、褊窄紧身。而南方士大夫安逸的生活，以及魏晋时期崇尚清谈，服饰趋向于宽衣大修、峨冠博带。当一窄一宽、一紧一松的两种不同风格的服饰碰撞之后，就出现了服饰相互影响的状况，在同一时期、同一地区出现了南北两种服饰共存、交融，其服饰风格也不断衍变。

东汉末年至魏晋，王朝不断更迭，政治斗争尖锐，社会长期处于无休止的战祸、饥荒、疾疫、动乱之中，经常是"白骨蔽野，百无一存"，"道路断绝，千里无烟"。这个时期也是一个人才大量夭折的时代，门阀世族的名士们一批又一批被杀戮，士大夫生活在这种既富贵淫靡而又杀机四伏的境地中，"但恐须臾间，魂气随风飘"，面对刀光剑影，面对动乱频繁的黑暗、血腥年代，魏晋士人感受到朝不虑夕的危机，他们不愿在礼法的约束下窒息，于是就拼命追逐衣食之乐，享受床笫之欢，为的是在高压、窒息的政治统摄下，用及时行乐的快乐，麻木精神，暂时忘记恐惧与痛苦。"当然更加珍视自己的血肉之躯，在涂脂抹粉中糅掺着对残酷政治迫害的痛楚的抚爱。"[1]

六朝是中国历史上一个非常奇特的时期，尽管时局动荡，政权更替频繁，生命脆弱，但是相对于东汉三国，毕竟有过短

---

[1] 陈书良：《六朝烟水》，第 15 页，北京：现代出版社，1990 年。

暂局部的和平时期。同时六朝又是一个光辉的时期，"政治经济的发展同文学艺术的发展，产生了巨大的不平衡，政治上最黑暗，社会上最动乱，经济上最遭破坏、人民最感痛苦的时代，反而孕育出灿烂辉煌的文学、艺术和学术，造就了一个精神活跃、思想解放、尊重个性、丰富多彩的文化腾飞期"①。

第一节　崇尚褒衣博带

六朝人崇尚自我，追求个性的解放，对个人的形象十分重视。人们通过外在的容貌、华丽的服饰来塑造名士形象、名士风度，社会上非常推崇名士做派，不仅男性喜欢英俊潇洒、风度翩翩的名士，女性也为名士的风流才情而倾倒，仰慕名士，追随名士价值观的天平向名士倾斜，人们以名士作为择偶的标准。

《晋书·王濬传》记载了刺史徐邈的女儿择夫而嫁的故事。刺史徐邈的女儿到了出嫁年龄，她向父亲表达了自己挑选夫君的愿望，得到了父亲的允准。她相中了父亲的佐吏、"疏通亮达"的名士王濬，成就了一桩姻缘②。深闺中的女子甚至敢于大胆表露对名士的仰慕，把心中的爱欲说出来。袁宏妻子李氏在嵇康被杀时，就写了篇《吊嵇中散文》，抒发一位女性对大名士嵇康的一往情深。率性的不只是六朝的男子，六朝女子也很率真，敢爱敢恨，无所顾忌，这只有在思想解放的六朝才说得出来，做得出来。六朝人爱慕名士，欣赏他们的才情、气质、风度，而不是金钱，其境界远远胜于那些重金钱轻才情的俗人。当我

---

① 陈书良：《六朝烟水》，第20页，北京：现代出版社，1990年。
② 〔唐〕房玄龄等撰：《晋书》，第1209页，北京：中华书局，2010年。

们今天翻阅六朝时的历史篇章，了解到他们的轻金钱、重才情的率真故事时，为金钱烦恼、被物欲折磨的我们，是否有所触动呢？黑暗的六朝，窒息的政治环境，短暂的生命，六朝人却依然迸发出他们生命的辉煌，留给了我们很多文化与精神的财富。

思想解放，摆脱了传统保守的束缚，魏晋六朝的服饰呈现形式宽大、款式飘逸的风格倾向，与当时社会的清谈时髦和放荡不羁的时俗呼应。

六朝所处的时代，决定了时代的审美倾向与服饰的特点。即使生命是短暂的一瞬，也要让它迸发出光彩，释放出辉煌。六朝人追求个性的解放，不掩饰自己的情怀，探究生活的价值，不在乎是否拥有。因此服饰上体现出自由与奔放，飘逸之感，洒脱之态，个性之魅，最具代表性的时代风尚就是褒衣博带。

图 2-1　魏晋时期的褒衣博带（摘自《中国历代服饰》）

东晋顾恺之《洛神赋图卷》局部。原图卷为设色绢本，原作已失佚，现在传世的是宋代四件摹本，分别收藏于北京故宫博物院（两件）、辽宁省博物馆和美国弗利尔美术馆。图卷中人物穿大袖衫，戴笼冠，表现出褒衣博带的特点。

六朝服饰的第一个特点是褒衣博带，后世对于魏晋（六朝）以"褒衣博带"来概括。褒衣博带就是宽松的大袍形与长长的宽腰带，"羽仪服式，悉如魏法。江表士庶，竞相模楷，褒衣博带，被及秣陵"[①]。这是思想影响服饰的典型事例。在不同的时间段，受到思想、风尚的影响，表现出来的服饰穿戴倾向和风格也是有所区别的，大体上，"正始名士擅清谈，讲究服药行散，注重服饰姿容；竹林名士善饮酒，在日常生活中任达自然，不为礼法所拘；中朝名士则兼而有之"[②]。

六朝时期男子服装有衫、袄、襦、裤、袍，其中长衫最具时代性。《宋书·徐湛之传》："初，高祖微时，贫陋过甚，尝自往新洲伐荻，有纳布衫袄等衣，皆敬皇后手自作。高祖既贵，以此衣付公主，曰：'后世若有骄奢不节者，可以此衣示之。'"[③]衫指短袖单衣。夏天为了凉快，喜穿半袖衫。文人

图2-2 竹林七贤之阮籍形象（摘自《中国历代服饰泥塑》）

阮籍（210—263），字嗣宗。陈留尉氏（今河南开封）人。曾任步兵校尉，世称阮步兵。崇奉老庄之学，政治上则采取谨慎避祸的态度。《晋书·阮籍传》记载："志气宏放，傲然独得，任性不羁，而喜怒不形于色。或闭户视书，累月不出，或登临山水，经日忘归。博览群籍，尤好庄老。嗜酒能啸，善弹琴。当其得意，忽忘形骸。"

① 〔北魏〕杨衒之撰，杨勇校笺：《洛阳伽蓝记校笺》，第121页，北京：中华书局，2018年。
② 陈书良：《六朝烟水》，第24页，北京：现代出版社，1990年。
③ 〔南朝·梁〕沈约撰：《宋书》，第1844页，北京：中华书局，2006年。

雅士最喜欢穿衫，宽大的衫子成为当时最具个性化的服饰，以嵇康、阮籍为代表的竹林七贤就好穿宽大的衫子。竹林七贤基本上都做过官，但是他们"越名教而任自然"，有的放弃官职，甘于做山野之人，抚琴长啸，寄情山林。他们穿的服饰不是官服，而是百姓的服饰，宽大的衫子，飘逸的风度，真是他们蔑视权贵、鄙视世俗、纵情山水、精神奔放的最好写照。

从东晋一直到南朝各代，服装主要的发展方向是趋向宽松肥大。《晋书·五行志》云："晋末皆冠小而衣裳博大，风流相仿，舆台成俗。"[1]服饰宽大有两个重要原因，一是士大夫生活安逸，纵情放达，追求飘逸的感觉，"褒衣博带"正好体现出飘逸之感，峨冠博带是士大夫追求的服饰形象。直到梁代，士大夫还喜欢穿肥大的衣服，系着宽松的长带，头戴高帽，足蹬高齿木屐，仪态很是潇洒从容。《宋书·周朗传》记载，宋孝武帝刘骏即位时，周朗上书说当时"凡一袖之大，足断为二，一裾之长，可分为二，见车马不辨贵贱，视冠服不知尊卑。尚方今造一物，小民明已睥睨。宫中朝制一衣，庶家晚已裁学。侈丽之原，实先宫闱。又妃主所赐，不限高卑，自今以去，宜为节目。金魄翠玉，锦绣縠罗，奇色异章，小民既不得服，在上亦不得赐"[2]。当时的衣袖和衣裾都做得非常宽大，一个衣袖，可以裁成两个普通的袖子；一个衣裾，可以分成两条普通的衣裾。社会的奢侈之风，其源头来自皇宫，宫中早上新制一件衣裳，到了晚间，老百姓家就效仿制作。周朗对宽衣博带的服饰风尚持反对态度，他向皇帝进言，要刹住社会奢侈风气，必须先从皇宫禁止。

---

① 〔唐〕房玄龄等撰：《晋书》，第 826 页，北京：中华书局，2010 年。
② 〔南朝·梁〕沈约撰：《宋书》，第 2098 页，北京：中华书局，2006 年。

图 2-3 孙位作《高逸图》之山涛形象（摘自《中国历代服饰》）

山涛（205-283），字巨源，竹林七贤之一。《晋书·山涛传》曰："（山）涛早孤，居贫，少有器量，介然不群。性好庄老，每隐身自晦。与嵇康、吕安善，后遇阮籍，便为竹林之交，著忘言之契。（嵇）康后坐事，临诛，谓子（嵇）绍曰：巨源在，汝不孤矣。"可见嵇康对山涛的信任。嵇康有传世名篇《与山巨源绝交书》，表达崇尚自然，拒绝出仕，鄙视司马政权，也有人认为嵇康对山涛的鄙夷，非也。嵇康对司马政权黑暗的蔑视，不愿同流合污，但是竹林七贤之间还是志趣相投、彼此欣赏的，否则也不会有嵇康临终托言儿子，有山巨源在，他就不会孤独。

魏晋时期不仅男子穿戴宽大服饰，女子也模仿男子的穿戴。从六朝汉画砖上，我们看到了这种风尚在社会上的蔓延。

魏晋六朝服饰宽大的第二个原因，乃因玄学思想的盛行，崇尚清谈，士大夫吃药成风，喜好服用五石散。服用丸药之后，身体发热，假若穿窄小紧身的服饰，体内热量散发不出去，皮肤干燥，紧身衣服与皮肤摩擦，极容易溃烂，因此吃药之后，必须穿着宽大的衣裳，以避免皮肤的溃烂。

鲁迅先生在《魏晋风度及文章与药及酒之关系》文章中指出：

> （服了五石散后）全身发烧，发烧之后又发冷。普通发冷宜多穿衣，吃热的东西。但吃药后的发冷刚刚要相反：衣少，冷食，以冷水浇身。倘穿衣多而食热物，那就非死不可。因此五石散一名寒食散。只有一样不必冷吃的，就是酒。吃了散之后，衣服要脱掉，用冷水浇身；吃冷东西；饮热酒。这样看起来，五石散吃的人多，穿厚衣的人就少；比方在广东提倡，一年以后，穿西装的人就没有了。因为皮肉发烧之故，不能穿窄衣。为预防皮肤被衣服擦伤，就非穿宽大的衣服不可。现在有许多人以为晋人轻裘缓带，宽衣，在当时是人们高逸的表现，其实不知他们是吃药的缘故。一班名人都吃药，穿的衣都宽大，于是不吃药的也跟着名人，把衣服宽大起来了！[①]

宽衫固然是个性的表现，本质上则是糟糕的身体与病态的审美追求。换言之，外在的条件，主要是身体的因素，必须"褒衣博带"，魏晋人物服饰给我们飘飘欲仙的飘逸之感，并非仅仅为了表现仙风道骨的美感，也是有说不出的苦衷，乃不得已而为之，在看似飘逸、彰显个性的宽大服饰之下，包裹着他们身体的疾病与精神的痛楚。

[①] 鲁迅：《鲁迅全集》第三卷，第 507-508 页，北京：人民文学出版社，1991 年。

第二节　文人服饰风尚袒露胸怀

六朝服饰的第二个特点是文人喜好袒胸露怀，表现个性。

六朝文人放达，不拘礼节，率性而动，袒露胸怀，与六朝政治动荡、政权更替有密切的关系。六朝尤其是魏晋时期，残酷的政治迫害使生命变得脆弱，任何一个人，不论是掌握权力的统治者如君王、刺史，还是才华横溢的文人，以及社会底层的普通百姓，都可能因为用人不当，说话不慎，或者即便什么没说，什么没做，在一夜之间也会生命凋谢。非正常死亡，在六朝是普遍存在的，不仅朝代更替、两军对垒，会发生杀戮，即使是同僚同事，兄弟之间，父子之间，也常常因为帝位、地盘、权力等高举屠刀，拼个你死我活。六朝著名士人嵇康、吕安都是非正常死亡的例子。

阮籍《咏怀诗》对日常时世、人事、节候、名利、享乐进行的咏叹中，直抒胸臆，深发感喟，"表现了多么强烈的生命的留恋，和对于不可避免的自然命运来临的憎恨"[1]。不仅阮籍有"人生若尘露，天道邈悠悠"之感，一代枭雄曹操也有"对酒当歌，人生几何，譬如朝露，去日苦多"之叹，感叹时光之短，人生多变，生命短促，以及弥漫整个社会的一种氛围和时代之音。李泽厚先生认为："在表面看来似乎是如此颓废、悲观、消极的感叹中，深藏着的恰恰是它的反面，是对人生、生命、命运、生活的强烈的欲求和留恋。"[2]

六朝是人的觉醒的时代，而造物捉弄，觉醒的人又处于一个不能说的黑暗时代，"感伤、悲痛、恐惧、爱恋、忧虑，欲

---

① 王瑶：《中国文人史论》，第147页，北京：商务印书馆，2016年。
② 李泽厚：《美的历程》，第89页，北京：文物出版社，1989年。

求解脱而不可能，逆来顺受又不适应"①，动荡的时局，禁锢的社会，压抑的情感，活跃的思想，觉悟的人物，最终演变成魏晋以来社会盛传的玄学和道、释两教相结合，并且酝酿出文士的空谈之风，他们崇尚虚无，蔑视礼法，放浪形骸，任情不羁。

在服饰方面，他们穿宽松的衫子，衫领敞开，袒露胸怀，展现出桀骜不驯的个性。江苏省南京市西善桥出土的《荣启期与竹林七贤》砖印画中竹林七贤的形象，便是当时文士内在精神与外在服饰的写照。

对于竹林七贤的个性与才能，史书有详细记录。《晋书·嵇康传》曰："（嵇）康早孤，有奇才，远迈不群。……常修养性服食（服药）之事，弹琴咏诗，自足于怀。……康善谈理，又能属文，其高情远趣，率然玄远。"②《晋书·阮籍传》亦曰："博览群籍，尤好老庄。嗜酒能啸，善弹琴。……（阮）籍本有济世志，属魏晋之际，天下多故，名士少有全者，籍由是不与世事，遂酣饮为常。……籍又能为青白眼，见礼俗之士人，以白眼对之。及嵇喜来吊，籍作白眼，喜不怿而退。喜弟康闻之，乃赍酒挟琴造焉，籍大悦，乃见青眼。"③他们的态度，大抵是饮酒时，衣服都不穿，帽子也不戴，袒胸露背，完完全全地将旧传下来的礼教，抛于脑后。竹林七贤之一的刘伶甚至裸体见客。"刘伶恒纵酒放达，或脱衣裸形在屋中，人见讥之。伶曰：我以天地为栋宇，屋室为衣裤，诸君何为入我裤中？"④以天

---

① 李泽厚：《美的历程》，第102页，北京：文物出版社，1989年。
② 〔唐〕房玄龄等撰：《晋书》，第1369、1374页，北京：中华书局，2010年。
③ 同上书，第1359-1361页。
④ 〔南朝·宋〕刘义庆撰，朱碧莲、沈海波译：《世说新语》，第335页，北京：中华书局，2015年。

为庐，以地为床，在自己的屋，何须穿衣？连"褒衣博带"也省去了，何等的放达？我不穿衣裤，与你何干？你跑到我的裤子里来做甚？质问得理直气壮。

据史料记载，刘伶、嵇康等文人，日常家居，或"乱项科头"，或"裸袒蹲夷"，甚至在会见客人时也随便穿着，以袒胸露脯为尚。饮酒时更是纵情放达，他们借酒纵情、借酒妄言，发泄心中的郁闷。

不仅竹林七贤这样的名士如此，即使王羲之这样出身官宦之家的贵族子弟，也同样追求纵情放达的惬意生活。太尉郗鉴与丞相王导是世交，他膝下有个才貌双全的女儿，因为王家子弟众多，风流倜傥，郗太尉欲在王家选婿。王府子弟听说郗太尉要选女婿，都精细打扮一番，出来相见。郗府管家，寻来觅去，却发现少一人。到了东跨院的书房里，看见靠东墙的床上仰卧一袒腹的青年人，正在吃着零食，欣赏蔡邕的书法，对太尉觅婿一事，无动于衷。管家回去一禀报，郗太尉便认定此人是他说要挑选的女婿，原来那人就是书法家王羲之。[1]"东床坦腹""东床快婿"流传至今，东床也成了女婿的代称。郗鉴为什么会选中王羲之呢？他大概认为这个青年人率真，不矫饰做作，不为世俗左右，这才是真性情，真个性。

魏晋时期玄学盛行，士人重清谈，个性上率性而动，想到什么，立马去做，追求的是做的过程，要求心情愉快，而不在乎结果。《世说新语》中记载的王子猷雪夜访戴的故事便是典型的一例。"王子猷居山阴，夜大雪，眠觉，开室命酌酒。四望皎然，因起彷徨。咏左思《招隐诗》，忽忆戴安道，时戴在剡，

---

① 〔唐〕房玄龄等撰：《晋书》，第 2093 页，北京：中华书局，2010 年。

即便夜乘小船就之。经宿方至，造门不前而返。人问其故，王曰：'吾本乘兴而行，兴尽而返，何必见戴！'"王子猷即王徽之，王羲之第五子，他率性而动，追求的是心理满足的过程。在这样的时代潮流影响下，社会流行衣裳穿戴随意，袒胸露背也成时尚之举，随意就是为了体现不拘礼节，要的就是敢于把传统礼节抛到脑后，敢于不畏人言，我行我素。

放浪形骸是对生命欲求的一种感慨与无奈。藐视礼法，蔑视传统，白眼对人，斜睨世事，都是思想观念上轻视、瞧不起的外在表现。其核心是对生命短促的哀叹，对世道艰难的无奈，忧愤无端，慷慨任气。另外，饮酒无度一醉方休，也是出于一种自我保护，以纵情放达，寄情自然，造成一种不拘礼法、不合世俗、无意权力的假象，逃避统治者的迫害。

中国服饰自古以来就具有"表贵贱，别等级"的作用，但是在嵇中散、阮步兵等人身上，又多了一层以服饰为伪装来保护自己的作用，放肆的行为，不拘礼节的穿戴，疯癫、狂妄的心智，是他们刻意营造的一种自我保护的伪装。

第三节　衣服长短随时变易

六朝服饰的第三个特点是衣服的长短，随时而变易。

《晋书·五行志上》记载了服饰长短的变化，"（孙吴）孙休后，衣服之制上长下短，又积领五六而裳居一二。干宝曰：'上饶奢，下俭逼，上有余下不足之妖也。'……（西晋）武帝泰始初，衣服上俭下丰，著衣者皆厌腰。此君衰弱，臣放纵，下掩上之象也。至元康末，妇人出两裆，加乎交领之上，此内出外也。""（东晋）元帝太兴中，兵士以绛囊缚絝……是时，

图 2-4 六朝孙吴青瓷坐榻俑（南京市博物馆藏）

2005 年 12 月 22 日南京江宁上坊发掘出土，墓室规模宏大，结构独特，被认为是东吴的帝王陵。出土的一组青瓷俑，制作精巧，人物形象刻画逼真。坐榻俑高 17 厘米，戴小平冠，着大袖长袍。正襟危坐在榻前，双手拢于胸前，面容和善，榻前有一长条形案，显然身份比较特殊。东吴的服饰文献记录较少，出土的人物俑也少，江宁上坊出土的这组东吴青瓷俑，对于了解东吴服饰提供了实物佐证。

为衣者又上短，带才至于腋，著帽者又以带缚项。下逼上，上无地也。"① 这段话的意思是说：三国时吴国孙休以来，衣服流行上长下短，领子的长占五六分，下裳才占到一二分。晋武帝时，衣服又流行上面短小，下面宽大。晋元帝时，又改得衣服上身更小，上衣至腋下。

时尚就是这样，反反复复，变变化化，它不停歇，总是在前走，只是时尚潮流也是轮回的，向前走，走了一段之后，打

---

① 〔唐〕房玄龄等撰：《晋书》，第 823、826 页，北京：中华书局，2010 年。

个旋，继续往前走，又转个圈，如此反复，若干年后，人们忽然发现，时尚又回到了从前。当然，六朝衣服的长短变易，受到时代因素的影响。衣裳的长短变化还有实用性的考虑——为了行动的方便。因为在东晋初年百姓迁徙频繁，士卒作战奔走，衣服长短也是出于迁徙及战斗的需要。

对于衣服长短的变化，东晋葛洪说："丧乱以来，事物屡变，冠履衣服，袖袂财制，日月改易，无复一定，乍长乍短，一广一狭，忽高忽卑，或粗或细；所饰无常，以同为快。其好事者，

图 2-5　魏晋大袖宽衫展示图（摘自《中国历代服饰》）
魏晋时期流行衫子，宽衫、大袖。因为服五石散，身体燥热，为避免皮肤被紧身服饰磨破，不得已穿起了大袖宽衫，表现出飘逸之风，成为一种时尚潮流，《世说新语》所云："皆尚褎衣博带，大冠高履"。"褎衣博带"出典于《汉书·隽不疑传》："褎衣博带，盛服至门上谒。"

朝夕放效，所谓京輦贵大眉，远方皆半额也。"① 时局变化，民族迁徙，工作需要，都影响着六朝时期尤其是东晋时期衣服长短的变化，但是对于衣服时尚美的追求，即便在动荡的时代，也依然存在，美是关不住的春光，它总会"一枝红杏出墙来"。

东吴到东晋衣服长短的变易，也有审美观点变化而导致的因素。因为这个时期的人们，奢侈享乐风气很盛，这必然影响服装款式的变化。这与上述说的魏晋时期"褒衣博带"又有关联了，因为在晋元帝时，衣裳流行上短下长潮流之后，《晋书·五行志》记载，晋代末年，衣服又变得宽松博大，也就是"褒衣博带"的形式。褒衣博带是为了美，体现翩翩风度；衣服长短也是为了美，显得干练利索。

一件衣服，被六朝人摆弄着，玩赏着，他们要从衣服的变化中，展示他们的艺术才能，体现他们的审美情趣。六朝人有玩物丧志的，但并不是所有人都是颓废的，他们在玩中释放情绪，抒发情感，创造美丽。不用说六朝时思想的豁达奔放，不用说王羲之书法的飘逸，不用说谢安淝水之战的镇定自若，单说六朝人的服饰，其洒脱飘逸的风格，同样折射出这一时期崇尚个性自由、生活多姿多彩的光辉。

秦汉时期流行深衣，至三国时期仍然流行。中国古代服饰千变万化，多姿多彩，但是形式上无外乎两种：上衣下裳制与衣裳连属制。前者形制上面是衣，下面是裳；后者上下连体，不分衣与裳。按照这两种形制，西周时服饰主要是前者，衣裳分为两截，穿在上身的是"衣"，穿在下身的是"裳"，以后

---

① 〔东晋〕葛洪撰，张松辉、张景译注：《抱朴子外篇》，第568页，北京：中华书局，2013年。

的袴褶、襦裙都属于这一类；春秋战国时期的服饰主要是后者，上下衣裳连为一体，成为一件衣裳，后世的袍服、长衫属于这一类。

东吴处在东汉末年三国纷争时期，与曹魏、西蜀三权鼎立，其疆域划片而治。官制沿袭东汉，文化秉承中原文明，政权地处江南，又融入了江南风俗。因此，三国时期的服饰，既有中原汉民族的风格，也糅合了所处政权的地方民族风格，比如西蜀位于四川西南地区，其服饰有西南少数民族风格；曹魏地处洛阳北方，服饰兼杂北方少数民族风尚；东吴地处江南，江南的民风民俗也影响到服饰风尚。

第四节　女服上俭而下丰

六朝服饰的第四个特点表现为女服上俭下丰。

六朝女性日常服饰上身着襦、衫，下身着裙。晋代谢朓《赠王主簿》有云："轻歌急绮带，含笑解罗襦。"傅玄《艳歌行》也曰："白素为下裙，丹霞为上襦。"襦与衫子有宽大与窄狭之分，歌咏窄衣的诗有梁代庾肩吾《南苑还看人》："细腰宜窄衣，长钗巧挟鬓。"六朝女子喜欢穿窄长的襦，腰肢纤细，下裙敞开，有飘逸之态，这是一种时代的审美倾向。也有歌咏宽衣的诗，吴均《与柳恽相赠答》："纤腰曳广袖，半额画长蛾。"袖子是大袖，可是穿着的女子腰肢还是纤细的。上俭下丰的概念就是上衣窄小，下裳（或裙）宽大。襦裙是这一时代的女性穿着最多的一款服饰，襦、裙还可以作为衬，穿在礼服之内。[1]

---

① 周锡保：《中国古代服饰史》，第155页，北京：中国戏剧出版社，1986年。

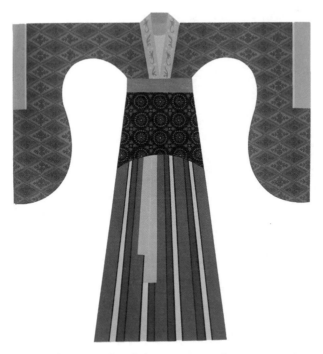

图 2-6 魏晋大袖衫间色裙穿戴展示图（摘自《中国历代服饰》）
魏晋时期女性流行上大袖衫、下间色裙的服饰潮流。衫的特点是对襟，束腰，衣袖宽大，袖口缀有一块不同颜色的贴袖。裙为条纹间色，即混杂双色或多色条纹。

　　上俭下丰是款式，不是风尚。六朝的女性服饰不仅不俭朴，反而是奢华的，追求夸张的视觉效果。《世说新语·汰侈》记载：晋武帝司马炎临幸王济家，王济生活奢侈，家中"婢子百余人，皆绫罗袴襦"[1]。《南史·王裕之传》中也说："左右尝使二老妇女，带五条辫，著青纹袴襦，饰以朱粉。"[2] 孟晖女士考证，

① 〔南朝·宋〕刘义庆撰，朱碧莲、沈海波译：《世说新语》，第 414 页，北京：中华书局，2015 年。
② 〔唐〕李延寿撰：《南史》，第 650 页，北京：中华书局，2008 年。

图 2-7　南朝女侍陶俑、男侍陶俑（南京博物院藏）

女俑出土于南京幕府山，大髻，着交领上襦、复裙。女俑服饰上小下大，与《晋书》中记载的"泰始初，衣服上俭下丰，着衣者皆厌腰"相符。男俑出土于南京小洪山，戴平巾帻。平巾帻与平冠小冠相近，形制上略有差别。晋代好小冠，按照沈从文先生考证，多已无梁，如汉代平巾帻，后部略高，缩小至于头顶。

袴裶就是裤裙，并根据上面的描叙说："东晋南朝时代下层妇女，如婢女、乳母等，经常穿着一种叫做'袴裶'的服装。"[1] 因为这些婢女、乳母穿的袴裶都是比较奢华的服饰，一般人也穿不起。笔者在此补充一点，东晋南朝时期只有富裕人家（大户人家）的下层妇女，才能穿上袴裶，其原因乃是因为这些豪门巨富生活奢侈，讲究享受，并非他们对下层妇女的厚待。由此笔者推测，袴裶或许是大户人家下层妇女的一种工作礼服，也就是来尊贵客人时，专门用于招待的礼仪制服，是一种高档面料的工作服，以此显示富足有钱，与石崇斗富是一个性质。

① 孟晖：《潘金莲的发型》，第 77 页，南京：江苏人民出版社，2005 年。

第五节　服饰的奢侈

六朝服饰的第五个特点是奢侈。

六朝属于偏安朝代，并非全国大一统的格局。内部是政权更替，外部是政权对峙。孙权建立的东吴，定都建康（今南京），与之对峙的是曹操的曹魏和刘备的蜀汉，三国鼎立，分庭抗礼，各据一方。

匈奴刘曜攻陷长安，西晋灭亡之后，司马睿在建康建立东晋政权。北方与之对峙的是五胡（匈奴、鲜卑、羯、氐、羌）建立的十六国，即前凉、后凉、南凉、西凉、北凉、前赵、后赵、前秦、后秦、西秦、前燕、后燕、南燕、北燕、夏、成汉。南北对立，力量均衡，谁也灭不了谁，所以共存。由此开启了南北对峙的南北朝时期。

南北朝时期在南方的是南朝政权，即六朝中的宋齐梁陈，与南朝对峙的是北方政权北魏、东魏、西魏、北周，称之为北朝。南朝加上更前一些的两个朝代东吴与东晋，就是历史上的六朝概念。但是六朝的偏安，或者说政权对峙，并不能阻止腐败的发生。腐败的产生与社会肌体的追求享受、爱慕虚荣、生活奢侈有很大的关系。生活中追求豪华，讲究享受，必然醉生梦死。

吕思勉先生论及晋朝以来的奢侈之风：

> 自后汉以来，选政久已不肃，而武人当道，又相扇以奢淫。贪欲迫之，则营求弥甚，而官方遂不可问。《武帝纪》言：帝承魏氏奢侈，乃厉以恭俭，敦以寡欲。有司尝奏御牛青丝靷断，诏以青麻代之，案帝即位之岁，即下诏大弘俭约。禁乐府靡丽百戏之技，及雕文游畋之具。泰始八年，

又禁雕文绮组非法之物。咸宁四年，太医司马程据献雉头裘，帝以奇技异服，典礼所禁，焚之于殿前。敕内外：敢有犯者罪之，似有意于挽回末俗矣。然以言教不如以身教。帝之营大庙也，致荆山之木；采华山之石；铸铜柱十二，涂以黄金，镂以百物，缀以明珠。……帝尝幸王济宅，供馔甚丰，悉贮琉璃器中。蒸独甚美。帝问其故。答曰："以人乳蒸之。"帝色甚不平，食未毕而去。……傅咸当咸宁初，上书曰："古者尧有茅茨，今之百姓，竞丰其屋。古者臣无玉食，今之贾竖，皆厌粱肉。古者后妃乃有殊饰，今之婢妾，被服绫罗。古者大夫乃不徒行，今之贱隶，乘轻驱肥。"可见时俗之渐靡，而武帝之空言训诫，悉归无效矣。①

晋武帝司马炎厉行节约，曾下诏令要求俭约，对于太医司马进献的裘皮服饰，付之一炬。但是言传不如身教，晋武帝说的是一套，做的又是一套，他自己营造大庙，却采用了名贵材料，铜柱用黄金包裹，又装饰明珠。大臣傅咸上书进谏，说：古代嫔妃才有特殊的服饰、妆饰，如今婢女小妾，都可以穿绫罗的服饰。因此世俗的奢靡风气愈演愈烈，晋武帝的禁奢侈的诏令只是空谈，全无效果，因为他自己不能以身作则，率先垂范，这就像楚王好细腰一样的道理。

石崇斗富的故事颇能说明六朝时期社会风气奢靡的问题。《晋书·石苞传》记载："与贵戚王恺、羊琇之徒以奢靡相尚。恺以粕澳釜，崇以蜡代薪。恺作紫丝布步障四十里，崇作锦步障五十里以敌之。崇涂屋以椒，恺用赤石脂。崇、恺争豪如此。

----

① 吕思勉：《两晋南北朝史》，第14-15页，上海：上海古籍出版社，2007年。

武帝每助恺，尝以珊瑚树赐之，高二尺许，枝柯扶疏，世所罕比。恺以示崇，崇便以铁如意击之，应手而碎。恺既愃惜，又以为嫉己之宝，声色方厉。崇曰：'不足多恨，今还卿。'乃命左右悉取珊瑚树，有高三四尺者六七株，条干绝俗，光彩曜日，如恺比者甚众。恺怅然自失矣。"①石崇、王恺斗富的事情在《世说新语》中也有记录，说明社会影响之广。

另据《耕桑偶记》载，外国进贡火浣布，晋武帝制成衣衫，穿着去了石崇那里。石崇故意穿着平常的衣服，却让从奴五十人都穿火浣衫迎接武帝。石崇的姬妾美艳者千余人，他选择数十人，妆饰打扮完全一样，乍一看，甚至分辨不出来。石崇刻玉龙佩，又制作金凤凰钗，昼夜声色相接，称为"恒舞"。每次欲有所召幸，不呼姓名，只听佩声看钗色。佩声轻的居前，钗色艳的在后，次第而进。

石崇斗富在六朝具有普遍性，社会以奢侈为时尚，富商、官僚，都以奢靡生活为时尚。齐朝暴君东昏侯，追求生活的奢侈与淫靡，其嫔妃的服装，都选用最珍贵的面料，不惜花大价钱，以高出市场几倍的价格向商市购买②。花钱多，敢花钱，肯花钱，花大钱，乃是以石崇为代表的贵族奢侈生活的写照。

第六节　傅粉施朱扮女相

从魏晋的政治恐怖，到六朝的人生无常，生与死都是痛苦，因此六朝人在这样的政治环境下，把生死放置一旁，开始放纵，

---

① 〔唐〕房玄龄等撰：《晋书》，第1007页，北京：中华书局，2010年。
② 范文澜：《中国通史》第二册，第505页，北京：人民出版社，1979年。

追求个性的解放，追求及时行乐。贵族人家，纨绔子弟，经济上富足，他们不再满足于传统的饮酒作诗，他们要拥有快乐的每一天，爱惜自己，关爱自己，那就先把自己打扮得美一点。《宋书·范晔传》曰："乐器服玩，并皆珍丽，妓妾亦盛饰。"①

贵族出行，南朝梁代颜子推说："梁世士大夫，皆尚褒衣博带，大冠高履，出则车舆，入则扶侍，郊郭之内，无乘马者。"②车辚辚，马萧萧，大冠大衫衣飘飘，足登高齿履，好不威风。不仅服饰如此，贵族士大夫在妆饰上也很讲究。一般说来，化妆是女人的事，贵族女人羞于不化妆出门，但是六朝时的贵族子弟，也爱上了化妆，涂脂抹粉成为时尚。颜子推又说："梁朝全盛之时，贵游子弟，多无学术，……无不熏衣剃面，傅粉施朱，驾长檐车，跟高齿履，坐棋子方褥，凭斑丝隐囊，列器玩于左右，从容出入，望若神仙。"③远远望去人们以为过来的是什么大人物，近了才知不过是几个脸上涂抹脂粉的娘娘腔的贵族子弟，全不是正儿八经做事的人，更不要说什么国家栋梁了。

暖风熏得游人醉，习习奢靡之风，把贵族子弟父辈的骨气、豪情早吹得烟消云散了，有的只是香浓软绵的气息。"六朝时金陵为京都所在，衣冠萃止，相竞以文学。朝廷取士，专重风貌。贵游子弟，以豪侈修饰相耀。下逮隋唐，流风未泯。"④这种恶俗和不良的社会风气，甚至影响到隋唐。

① 〔南朝·梁〕沈约撰：《宋书》，第 1829 页，北京：中华书局，2006 年。
② 〔南朝·梁〕颜子推撰，檀作文译：《颜氏家训》，第 181 页，北京：中华书局，2018 年。
③ 同上书，第 96 页。
④ 王焕镳编纂：《首都志》，第 1081-1082 页，南京：南京古旧书店、南京史志编辑部翻印，1985 年。

因为社会风气趋向奢靡，自魏晋以来的六朝时期，尽管因为战乱，社会上有很多人衣不蔽体，生活饥寒交迫，但是仍然阻止不了官宦人家、贵族子弟骄奢淫逸的生活。褒衣博带只是六朝服饰的一个外在表现，其内在因素是时局的动荡、生命的脆弱，对于有理想、有想法的人来说，他们只能以放浪形骸的病态，故作高雅、风流，以彰显名士派头，他们的难言之苦，不能一吐为快。昏昏欲睡，醉生梦死，是他们最好的逃避现实、躲避迫害的方法。褒衣博带，甚至祖胸露怀，也是六朝人率真性情的表露，淡泊生死，只要生命中灿烂的一瞬。

第七节　六朝服饰的分类

六朝中的南朝服饰的品种已经非常完备。按照形制与功能分，有帝王服、官服、戎服、便服、首服、内衣、鞋履，等等。

帝王服指皇帝、皇室成员的服饰，对皇帝而言就是冕服。根据《周礼》记载，帝王的冕服已经绘绣龙形章纹，称作龙衮。所以，龙袍泛指古代帝王穿的龙章礼服。龙袍在西周时，称为冕服。孔子说过"服周之冕"，说明西周之冕服已具规模。西周冕服的实物，没有保留下来，依据出土的汉代石刻，我们大致可以了解西周冕服的形制——上衣下裳，腰间束以大带，前系蔽膝。秦始皇时，废止六冕（大裘冕、衮冕、鷩冕、毳冕、绣冕、玄冕）。先秦的冕服制度遭到破坏，到了秦至西汉时期，对于冕服的使用，已经不甚明了。到了后汉孝明皇帝时期，才逐渐恢复了天子、三公、九卿的冕服制度。晋代承袭汉制，出现通天冠。南北朝时期，皇帝冕服大致相同，南朝宋代冕板加于通天冠上，称为平顶冠。

官服就是官员的制服，以服色、配饰、冠带来区别官员的品秩。袍子是一般长衣的统称。南朝朝会间用绛纱袍，其单者称为禅衣。还有纹饰的锦袍。晋惠帝赐中书监卢志鹤纹袍，太子纳妃有绛绫袍，宋赐刘义恭金兽袍，北齐天子着绯绫袍。

戎服就是军服，军队的制服。六朝时的戎服有袍袄、缚裤、裤褶服、裲裆（武士的铠甲）、铠甲、兜鍪。袍袄是指战袍和战袄，着装时足着靴，腰束皮带，这种军装使用时需要与裲裆配合。缚裤是一种大口裤，裤脚在膝下用带扎住。铠甲以明光铠、锁子甲和具装铠为代表。锁子甲，也就是后世话本中说的"锁子连环甲"，用数千个铁环上下左右互相钩连而成的软甲；筒袖铠是一种坚硬无比耐抗击的铠甲；兜鍪是保护头部真正用于交战的实用头盔，较之汉代的却敌冠、樊哙冠那些主要用于军事礼仪的盔甲更坚固。军戎之服自古代开始就有实用与礼仪两种用途之分，礼仪用于检阅军队，要的是好看；实用用于战斗，要求坚固管用。唐代、明清时期的铠甲还有用纸制作的铠甲，称为纸甲，就是礼仪铠甲，坚固性远不如铜铁、藤木制造的铠甲，不过也不是人们想象的一张纸一捅就破那样容易破损，仍有实战功能。

便服指人们日常生活，包括起居休闲的生活服饰。一般男子的服饰有衫、袄（襦）、裤、裙、半袖，其中长衫最具代表性。衫与袍的区别在于袍有祛，而衫有宽大敞袖。袍子一般有里，如夹袍、棉袍，而衫子有单、夹两种形式，质料有纱、绢、布等，颜色多喜用白，喜庆婚礼上也可穿白袍[1]。衫指短袖单衣。夏天为了凉快，喜穿半袖衫。此外尚有来源于北方少数民族的裤褶、

---

① 华梅：《服饰与中国文化》，第255页，北京：人民出版社，2001年。

裆。裤褶服与裲裆本是军戎之服，后来也成为南方民族流行的服饰，上至帝王，下至百姓，都喜欢穿着上身着褶、下身着裤的裤褶服，非常方便。

首服指冠帽。我们熟悉的古代当官的借代词"乌纱帽"就流行于晋代。那是一种以黑色纱罗制成的软帽，通常做成桶状，戴时高竖于顶。不过当时的乌纱帽不是官帽，只是文人雅士钟情的、表达他们高逸情怀的休闲帽子。乌纱帽成为官帽，始于隋代，鼎盛于明代。除了乌纱帽之外，尚有笼冠、牛角形冠、风帽，以及平巾帻等。笼冠就是汉代流行起来的涂漆纱冠，在顾恺之《洛神赋图卷》《女史箴图》中均有表现，又称纱冠。巾在古代也属于冠帽的一种，只是冠是硬质的，巾则是软质的，戴起来更随意，更方便，更符合六朝人率性、率真的个性，因此，秦汉时期原本属于老百姓的巾帻，魏晋以降的六朝反而成了贵族的头饰。

内衣是贴身而穿的服饰。六朝时期的内衣主要有衫子、中衣、裲裆、假当、反闭、凉衣、心衣、宝袜（此袜非彼袜，不是袜子，而是内衣，足衣在古代并不是"袜"，而是"韈"）、明衣（浴衣）。六朝时期，尤其是在魏晋时期，内衣流行衫子。《晋东宫旧事》称："太子纳妃，有白縠、白纱、白绢衫，并系结缨。"当时还有单衫、复衫、白纱衫、白縠衫等，衫有单层与夹层之分。六朝时期内衣有裲裆，裲裆有两种，一种是妇女穿的背心，另一种是武士的戎服，是一种前后两片合而为一的短甲。作为内衣的裲裆，男女都有，按照季节分为单裲裆、棉裲裆。

脚上穿的鞋子、靴子，与头上的配饰，在中国服饰分类中，也被划归服饰的组成之列。六朝时期的鞋，名目繁多，主要有履、屐、靴。男子鞋履主要有芒屩、解脱履、绿丝履、谢公屐、筏头履。女性的鞋履也很丰富，有承云履、重台履、凤头履、鸦头履、玉华飞头履、立凤履。特殊的鞋有登山专用的谢公屐，适合雨天避免袜子潮湿的高齿履等。

　　六朝服饰的详细情况，按照类别在后面的各章节都有详细叙述，这里只是列举名称，简单说明。

图 2-8　魏晋杂裾垂臂女服复原图（摘自《中国历代服饰》）
魏晋时期衣冠承继东汉风尚，女服中的礼服为杂裾（汉代称袿衣），即衣两侧有尖角的款式，魏晋时，人们将尖角加长，屁旁加以垂饰飘带。这种服装看起来非常飘逸，这便是彼时辞赋中所云的"华袿飞髾"。顾恺之《女史箴图》《列女传》中有这样的服饰。上衣仍然是大袖衫，下裳为裙，有长长的飘带，垂于衣裳后面与两侧。

第三章　十二章纹标等级

——六朝的冕服与官服

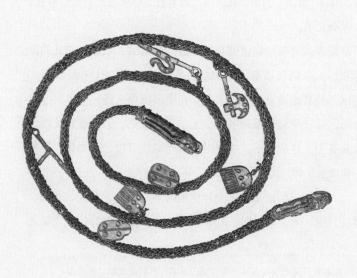

公元 4 世纪至 6 世纪，中国处于混乱的南北朝时期，战争和民族大迁徙促使胡汉杂居、南北交流，来自北方游牧民族和西域国家的异质文化与汉族文化相互碰撞与相互影响，促使中国服饰文化进入了一个发展的新时期。

东汉末期，外戚宦官互相残杀，结果同归于尽，公元 189 年凉州军阀董卓率兵入洛，一度掌权。东汉献帝受制于人，辗转流徙，历史进入了三国时期。曹操扶汉献帝定都许昌，并于建安五年（200）官渡之战中战胜袁绍，逐渐统一北方。汉建安十三年（208）曹军南下，在赤壁之战中败于刘备、孙权联军。220 年，曹操之子曹丕篡汉建魏，定都洛阳。221 年刘备在成都建汉，世称蜀。孙权在建业称吴王，229 年称帝。

孙权创立的东吴，属于魏、蜀、吴三权鼎立的三国时期，人们将南方的东吴与其后的东晋、宋、齐、梁、陈，称为六朝时期；在宋、齐、梁、陈在南方的南京建都时候，北方也有北魏、东魏、北齐、西魏、北周等政权存在，形成南北对峙的政权，史称南北朝。

魏晋南北朝时期也就是三国分立的东吴、东晋、宋齐梁陈的六朝。六朝与南京紧密关联，因为这六个朝代的都城都在南京。魏晋南北朝或者说六朝，在中国历史上是一个重大变化时期，是一个哲学重新解放、文学逐渐独立、思想非常活跃、收获五光十色的时期，这个时期出现的新事物、新变化，都反映到放浪形骸的清谈之中 ①。

六朝在中国历史是一个特殊的时期，相对于殷商、西周、两汉、唐、宋、元、明、清等朝代，六朝是短暂的，六个朝代

① 陈书良：《六朝烟水》，第 3 页，北京：现代出版社，1990 年。

加在一起，时间不过三百多年。但是短暂的六朝，并非所有的一切都是短暂的，没有价值的。六朝对中国历史的发展有过贡献，体现在经济与文化方面。"六朝是我国南方经济得到开发和发展的重要时期，特别是长江流域，分别形成了长江上游、中游、下游三大经济发展区。""开发的范围不断扩大，即随着这一时期北方人口的大量南迁，不仅长江流域得到较大的开发，还进而向珠江流域和闽江流域扩展。""经济的开发向深度发展，这是江南经济发展过程中一个质的飞跃。"① 以长江中下游为基础的江南新经济中心的基本形成，奠定了隋唐时期的经济国力。

六朝的文化也是承上启下，而且有历史特点和区域特色。卞孝萱先生说："西晋末年，黄河流域的文化移植到长江流域，并有极大的发展。就文学艺术说，西晋以来，不离古拙的作风；自东晋起，进入新巧的境界。就经学、哲学、宗教说，西晋以前，不离拘执不开展的作风；自东晋起，无拘执地开展了起来。……六朝是继春秋战国之后又一个思想活跃、学派蜂起的时代，给后世留下了非常丰富的思想文化遗产。"②

同样在礼仪制度、服饰文化、妆饰民俗等方面，六朝也有它的创造、独立个性以及审美价值，为中国物质文明的发展做出了应有的贡献。六朝的大袖衫、笼冠，都是中国服饰的代表性品种，褒衣博带的风尚，更是体现出时代的精神风貌，成为那个时代独特的标签。衫子宽松，衫领敞开，袒露胸怀的超然

---

① 许辉、邱敏、胡阿祥主编：《六朝文化》，第9页，南京：江苏古籍出版社，2001年。

② 卞孝萱：《开展六朝研究的几点思考》，许辉、邱敏、胡阿祥主编：《六朝文化》，第4页，南京：江苏古籍出版社，2001年。

脱俗的形象，在著名的竹林七贤砖刻中得到淋漓尽致的发挥，他们的清新、洒脱、不羁、纵情，不仅仅是文士外在服饰的表现，更是时代气息与文人内在精神的写照。世人笑我太轻狂，我笑世人看不穿，六朝人的衣着飘逸，敞胸露怀，纵情狂啸，傲视世物，不仅仅是文人个性的张扬，更是时代风尚、社会精神、文化教育的折射。

第一节　冕服在六朝

冕服的雏形出现于黄帝时期，到西周已相对完善。在中国古代社会的很长一段时间里，冕服都是男子最高级别的礼服，通常做祭服使用，分为六种，又称六冕。其中的十二章纹，即大裘冕级别最高，是皇帝祭天时穿的大礼服。秦代末年的战乱，

图 3-1　汉代皇帝冕服展示图（摘自《中国历代服饰》）冕服在黄帝时期就出现了，汉画石有若干形象，那是粗线条的表现，并没把冕服的形制、规格表现出来。此图为依据文献和图像复原的冕服展示图，绘制了完整的冕服的形制与章纹。

上古的服饰制度遭到破坏，然而经过汉初叔孙通的演绎，尤其是汉高祖刘邦的欣赏与推崇，礼崩乐坏的冕服及其礼仪制度得以恢复。因此，汉代的冕服定型并程序化。对于冕服与冕冠，读者印象深刻的就是君王头上戴的有护板和垂旒的冠。冕冠上的垂旒数是按照不同场合所明确的冕的种类与戴冕者身份来确定的，有三旒、五旒、七旒、九旒与十二旒等。衮冕十二旒，每旒十二颗玉，以五彩玉为之，用玉二百八十八颗（前后两面）；鷩冕九旒，用玉二百一十六颗；毳冕七旒，用玉一百六十八颗；缔冕五旒，用玉一百二十颗；玄冕三旒，用玉七十二颗。戴十二旒者为帝王，诸侯、卿大夫、大夫，只能九旒、七旒、五旒。也就是说垂旒的数量与身份是对应的，垂旒多的，说明官位大、品级高；垂旒少的，官小品低。因此不管官员认识不认识，通过冠冕的垂旒，就可以看出官位高低，对于从事服务、保卫工作的侍从来说，尤其重要。一眼就辨别出大官、小官，引导时很方便，享受不同等级服务时，也不会出错。

汉代的冕服沿袭周代，多为玄衣、纁裳，上衣颜色象征未明之天，下裳表示黄昏之地。集天地之一统，有提醒君王勤政的用意。衣服上绣日、月、星辰、山、龙、华虫、宗彝、藻、火、粉米、黼、黻十二章纹，章纹的图案并不是任意为之的，而是具有象征意义。

日、月、星辰，取其照临，如三光之耀。

山，取其稳重，象征王者镇重安静四方。

龙，取其应变，象征人君的应机布教而善于变化。

华虫（雉鸡），取其文丽，表示王者有文章之德。

宗彝（一虎一蜼，蜼即长尾猿），取其忠孝、深浅有知、威猛有德之意。

1 日　　　　　　　　2 月　　　　　　　　3 星

4 山　　　　　　　5 龙　　　　　　　6 华虫

7 火　　　　　8 宗彝　　　　9 藻　　　　10 粉米

11 黼　　　　　　　　12 黻

图 3-2　《五经图》中的十二章纹

十二章纹即日、月、星辰、龙、山、华虫、宗彝、藻、火、粉米、黼、黻，是皇帝冕服的显著特征。王公大臣的冕服上都不能出现十二章纹，最多是没有日、月、星辰的九章纹，再其次是七章纹、五章纹。十二章纹在冕服上各有寓意，并具有象征性。

藻，取其洁净，象征冰清玉洁。

火，取其光明，表达火焰向上，率领人民向归上命之意。

粉米（白米），取其滋养、养人之意，象征济养之德。

黼（斧形），取其善于决断之意。

黻（双弓相背形），取其见善去恶之意。寓意臣民有背恶向善的含义。[1]

十二章纹的形成，不仅表明服饰等差制度的形成，而且赋予了服饰等差的象征意义。中国古代的服饰，不只是具有穿戴御寒保护身体的功能，也不局限于"别等级，明贵贱"的作用，更具有代表政体，代表国威，表现社会价值取向的意义。帝王穿上绣有十二章纹的袍服，不仅仅表示他是万人之上的一国之君，他还要了解社会，体察民情，树立正气，倡导社会的和谐；他要有贤君之德，以江山社稷为重，明是非、辨曲直，率领人民创造社会价值，稳健发展。为人民谋福祉，为人民谱和谐，这就是一个贤能、开明、睿智君王的责任[2]。帝王的服饰就传递了这样的信息，表达了这样的信念。

十二章纹的色彩，根据典籍记载，大致上为山龙纯青色，华虫纯黄色，宗彝为黑色，藻为白色，火为红色，粉米为白色；日用白色，月用青色，星辰用黄色。这样就有白、青、黄、赤、黑的五色，绣之于衣，就是五彩。

古代帝王在最重要、最隆重的祭祀场合下，穿十二章纹的冕服，因此十二章纹为最贵。其他场合则依照礼节的轻重，冕服及其章纹有所递减。王公贵胄、文武百官的礼服（冕服）及

---

① 周锡保：《中国古代服饰史》，第 15 页，北京：中国戏剧出版社，1986 年。

② 黄强：《服饰礼仪》，第 147 页，南京：南京大学出版社，2015 年。

图 3-3 晋武帝冕服图
（摘自《中国古代服饰
史》）
晋武帝司马炎系晋朝开
国皇帝（236-290），
晋文帝司马昭嫡长子。
逼迫魏元帝曹奂禅位，
建立晋朝，建都洛阳，
年号泰始。晋武帝头戴
通天冠、黑介帻，十二
垂旒，玄色大袖袍，绣
十二章纹，下蹬赤舄。

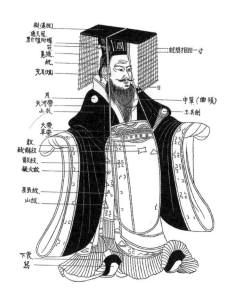

图 3-4 晋代冕服部件
示意图（摘自《中国古
代服饰史》）
冕服的冠、冕旒、大带、
革带、纹样、十二章纹、
中单、舄，都标注得很
细致，可与彩图的冕服
对照识别。

其章纹也是依次递减的。王的冕服由山而下用九章，侯、伯冕服章纹由华虫以下用七章，子、男冕服由藻以下用五章，卿大夫冕服由粉米以下用三章。即除了冕服由大裘冕依次递减为衮冕、鷩冕、毳冕、缔冕、玄冕之外，绣在冕服下裳上的章纹也是递减的。

六朝之东吴服饰也承汉制，用冕服，但是具体如何不详。孙策生前曾与孙权说："用锡君衮冕之服，赤舄副焉。"①

魏晋沿袭汉制，略有革新。《晋书·舆服志》记载：自后王、庶人之服饰，各有等差，以袀玄（袀以绀色的缯制作，绀色是微带红的黑色，即玄衣纁裳）为祭服。"明帝乃始采《周官》《礼记》《尚书》及诸儒记说，还被衮冕之服。天子车乘冠服从欧阳氏说，公卿以下从大小夏侯氏说，始制天子、三公、九卿、特进之服，侍祠天地明堂，皆冠旒冕，兼五冕之制，一服而已。天子备十二章，三公诸侯用山龙九章，九卿以下用华虫七章，皆具五彩。魏明帝以公卿衮衣黼黻之饰，疑于至尊，多所减损，始制天子服刺绣文，公卿服织成文。及晋受命，遵而无改。天子郊祀天地明堂宗庙，元会临轩，黑介帻，通天冠，平冕。"②

冕服是天子与诸侯、大夫、卿所穿的礼服，其头上所戴的冕冠，依身份差别，冠上垂旒有所增减。

晋代冕服由冕冠、冕服（衣裳）、舄（鞋）构成。晋初，"冕，皂表，朱绿里，广七寸，长二尺二寸，加于通天冠上，前圆后方，垂白玉珠，十有二旒，以朱组为缨，无绣。佩白玉，垂珠黄大旒，绶黄赤缥绀四采。衣皂上，绛下，前三幅，后四幅，衣画而裳绣，

---

① 〔晋〕陈寿撰，〔南朝·宋〕裴松之注：《三国志》，第1122页，北京：中华书局，2018年。

② 〔唐〕房玄龄等撰：《晋书》，第765页，北京：中华书局，2010年。

为日、月、星辰、山、龙、华虫、藻、火、粉米、黼、黻之象，凡十二章。素带广四寸，朱裹，以朱绿褌饰其侧。中衣以绛缘其领袖。赤皮为韨，绛袴袜，赤舄。未加元服者，空顶介帻。其释奠先圣，则皂纱袍，绛缘中衣，绛袴袜，黑舄"①。天子冕冠十二旒，用红色丝带系冕，绶带有黄、红、青白、黑红等四色。上衣为黑色，下裳为绛色；下裳绣有十二章纹。鞋子分为两种：红鞋与黑鞋。天子的冕旒，前后用真白玉珠，魏明帝改为珊瑚珠，东晋时，改为翡翠、珊瑚、杂珠。晋代冕冠与其他朝代的不同之处在于，冕纩加于通天冠上始于晋代，唐代阎立本《历代帝王图》中晋代之前通天冠上加冕纩，不准确②。

王公、卿大大参加祭祀也服冕服，平冕之旒，皇帝十二旒，至于王公则八旒，卿七旒。章纹也依官职高低递减，王公衣饰自山、龙以下九章（没有日、月、星辰），卿自华虫以下七章。

南朝宋代对于冕服制度有所调整。宋明帝刘彧泰始四年（468）将冕服分为大冕、法冕、冠冕、绣冕、纨冕等五种，如果再加上通天冠，皇帝的服饰就有了六套③。《文献通考》记载："朕以大冕纯玉缫，元衣黄裳，祭天，宗明堂。又以法冕，元衣绛裳，祀太庙，元正大会朝诸侯。又以饰冕，紫衣红裳，小会宴享，送诸侯，临轩会。王公又以绣冕，朱衣裳，征伐、讲武、校猎。又以纨冕，青衣裳，耕稼，享国子。"④冕服的品种五种，服色也是五种，大冕用纯玉缫，玄衣黄裳；法冕用五彩缫，

① 〔唐〕房玄龄等撰：《晋书》，第766页，北京：中华书局，2010年。
② 周锡保：《中国古代服饰史》，第18页，北京：中国戏剧出版社，1986年。
③ 〔韩〕崔圭顺：《中国历代帝王冕服研究》，第83页，上海：东华大学出版社，2007年。
④ 〔元〕马端临撰：《文献通考》影印本，第1010页，北京：中华书局，1991年。

玄衣绛裳；冠冕用四彩缫，紫衣红裳；绣冕用三彩缫，朱衣裳；
绣冕用二彩缫，青衣裳①。五冕用玄、黄、绛、紫、红、朱、青
等诸色，有所寓意。大冕所配玄衣黄裳，取义"天地玄黄"；
法冕所配玄衣绛裳，合乎"玄上缫下"旧制②；饰冕配紫衣红裳，
绣冕配朱色衣裳，绣冕配青色衣裳，大概也与五行学说地分东、
南、西、北、中五方，色分青、赤、白、黑、黄五色有关，东
方属木青色，南方属火红色。最重要的祭天等典礼是要穿冕服
的。至于为何用紫色衣，情况不明，紫色尽管在隋唐品色制度
中属于高贵色，但在上古时期紫色不是正色，并不受优待。笔
者在论及古代颜色崇尚时，曾指出：五行演绎出五色，青、白、
赤、黑、黄五色被视为正色，由五色掺和而生的是颜色是间色，
如紫、绿、蓝，正色为正统色，间色为旁系色。秦汉之前，对
间色是排斥的，孔子说"恶紫之夺朱色"，孟子说"恶紫，恐其
乱朱也"③。紫色何以在六朝成为饰冕中的上衣服色，有点费解。

　　南朝齐代冕服沿袭晋代、宋代。"齐因宋制，平天冠服，
不易旧法，郊庙临朝所服也。旧衮服用织成，建武中明帝以织
太重，乃采画为之，如金饰银薄，时亦谓为天衣。通天冠服绛
纱袍，皂缘中衣，乘舆临朝所服。"④南齐的冕冠，又称平天冠，
由黑介帻、平冕构成。齐武帝萧赜永明六年（488），改三公八旒，
卿六旒。依照汉代三公服，用山、龙九章，卿则用华虫七章。⑤

---

① ［韩］崔圭顺：《中国历代帝王冕服研究》，第83页，上海：东华大
　学出版社，2007年。
② 阎步克：《服周之冕——〈周礼〉六冕礼制的兴衰变异》，第261页，
　北京：中华书局，2009年。
③ 黄强：《中国服饰画史》，第7页，天津：百花文艺出版社，2007年。
④ ［元］马端临撰：《文献通考》影印本，第1010-1011页，北京：中华书局，
　1991年。
⑤ ［南朝·梁］萧子显撰：《南齐书》，第340页，北京：中华书局，2007年。

《晋书》《宋书》《南齐书》中关于冕服的记录，内容相近，尽管有承因前朝之制的解释，但是有学者指出是《宋书》中"八志"成书在"纪传"之后，定稿于齐明帝、梁武帝时，因此关于"王公八旒九章、卿七旒七章"应该是南齐永明之后的制度①。此观点姑且存之。

齐代冕服特点为冕服的衣裳有衮衣、天衣之称；上衣下裳的服章，初次全画；服章上用金银薄片来装饰，②也是一种创造、创新。

南朝梁代，"梁制，乘舆郊天、祀地、礼明堂、祠宗庙、元会临轩，则黑介帻，通天冠平冕，俗所谓平天冠者也。其制，玄表，朱绿裹，广七寸，长尺二寸，加于通天冠上。前垂四寸，后垂三寸，前圆而后方。垂白玉珠，十有二旒，其长齐肩。以组委缨，各如其绶色，傍垂黈纩，琭珠以玉瑱。其衣，皂上绛下，前三幅，后四幅。衣画而裳绣。衣则日、月、星辰、山、龙、华虫、火、宗彝，画以为缋。裳则藻、粉、米、黼黻，以为绣。凡十二章。素带，广四寸，朱裹，以朱绣裨饰其侧。中衣以绛缘领袖，赤皮为韨，盖古之韍也。绛袴袜，赤舄。佩白玉，垂朱黄大绶，黄赤缥绀四采，革带，带剑，绲带以组为之，如绶色"③。梁武帝萧衍天监七年（508），制定大裘冕之制，六冕之服皆是上衣玄色下上纁色，拟改上衣以玄缯为之，"其制式如裘，其裳以纁，皆无文绣。冕则无旒"④。并把冕服中的龙纹，

---

① 阎步克：《服周之冕——〈周礼〉六冕礼制的兴衰变异》，第219页，北京：中华书局，2009年。

② ［韩］崔圭顺：《中国历代帝王冕服研究》，第84页，上海：东华大学出版社，2007年。

③ 〔唐〕魏征、令狐德棻撰：《隋书》，第215页，北京：中华书局，2016年。

④ 同上书，第217页。

改为凤凰纹。

南朝陈代，冕服依梁代之制，"衣天监旧时，然亦往往改革"。永定元年（557），陈武帝陈霸先即位，徐陵奏请乘舆、御服采用梁代旧制。"冕旒，后汉用白玉珠，晋过江，服章多阙，遂用珊瑚杂珠，饰以翡翠。"侍中顾和奏请：不能用玉珠，建议用白珫（蚌珠）。陈武帝表示："今天下初定，务从节俭。应用绣、织成者，并可彩画，金色宜涂，珠玉之饰，任用蚌也。"① "皇太子朝服远游冠，侍祭则平冕九旒。五等诸侯助祭郊庙，皆平冕九旒，青玉为珠，有前无后，各以其绶色为组缨，旁注黈纩。"② 陈代于冕服的改革只是冕旒不再用玉珠，改用珍珠，乃出于厉行节约的考虑。

归纳起来，六朝冕服从历史文献来看，关于东吴的记录不详，其他五个朝代使用频率较高。冕服沿袭汉代，形制基本相同，服色与冕旒有所不同。宋齐时期，冕服九旒九章、七章，向《周礼》靠近；陈代冕服五旒则向汉魏回归。

日本学者原田淑人将六朝的冕服称为祭服，在中国虽然冕服用于祭祀，却没有"祭服"一说。同时他指出冕服的"前三幅后四幅"的裁剪方法"并不关系到衣而仅与裳有关"，"后汉的裳的裁法，也和它相同"③。

上述说及男子冕服，女子参加祭祀活动，也有专门服饰，不是冕服，这也是原田淑人将冕服称为祭服的原因。皇后、嫔妃参加祭祀也有专门的袆衣，非常华美，"袿襡大衣，谓之袆衣，

---

① 〔唐〕魏征、令狐德棻撰：《隋书》，第218页，北京：中华书局，2016年。

② 〔唐〕杜佑撰，王文锦等点校：《通典》，第1605页，北京：中华书局，1992年。

③ 〔日〕原田淑人著，常任侠、郭淑芬、苏兆祥译：《中国服装史研究》，第56页，合肥：黄山书社，1988年。

皇后谒庙所服，……袿襹用绣为衣，裳加五色，鏁金银校饰"①。女性服饰详见第五章，本章不再细说。

此外，参加祭祀的舞乐人员也有专门服饰。《云翘舞》乐人祭天地、五郊、明堂，戴爵弁，又名广冕。"高八寸，长尺二寸，如爵形，前小后大。"②

第二节　天子与百官冠服

六朝的冕服在各朝代大致相同，略有变化。南朝宋代冕板加于通天冠上，称之为平顶冠。到了北朝的北周，天子有苍冕、青冕、朱冕、黄冕、素冕、元冕、象冕、山冕、鷩冕、衮冕等十二种冕服，冕服中均绣十二章纹，上衣六种章纹，下裳六种章纹。隋朝对北朝冕服有所改革，大业二年（606），制天子服饰大裘冕，也采用十二章纹。自隋代开皇以降，天子唯用衮冕，自鷩冕之下，不再使用。唐代沿袭隋制，也有所创新，唐代皇帝与皇太子冠服出现通天冠、翼善冠、远游冠，其中通天冠为天子之服，远游冠为皇太子及宗室封国王者之服，翼善冠系唐太宗贞观八年（634）创制，开元十七年（729）废止，不再使用。宋代皇帝冕服，除祭祀天地、宗庙外，上尊号、受朝贺、册封以及举行各种重大典礼时也穿。总体上划归为祭服。冕服中最突出的是冕冠，冕冠有垂旒，天子十二旒。元代冕服，取宋代早期与金代的制度，天子冕服之冕板、冕旒大致与宋代、金代相同。

---

① 〔南朝·梁〕萧子显撰：《南齐书》，第342页，北京：中华书局，2007年。

② 〔唐〕房玄龄等撰：《晋书》，第770页，北京：中华书局，2010年。

图 3-5　魏晋戴卷梁冠、穿袍服男子（摘自《中国历代服饰》）顾恺之《列女传》中官吏服饰图像，贵族男子戴卷梁冠，着宽大的袍服。

晋代服饰制度因袭旧制，皇帝的服装有冕服、通天冠服、黑介帻服、杂服及素服。晋代的通天冠服大致与前代一致，用作常服和朝服。服色汉代随五时色，晋代为绛色。六朝宋初冕服中的衮冕称为平天冠服，皇帝常服有通天冠服。六朝齐代皇帝常服是通天冠服，由通天冠、黑介帻、绛纱袍和中衣构成。六朝梁代皇帝朝服为通天冠服，由黑介帻、绛纱袍、皂缘中衣、黑舄（鞋）构成。六朝的陈朝，服饰制度沿袭梁朝，陈文帝天嘉年间虽有修改，只是略加损益，并无大的改动。

晋朝冠服主要有远游冠、淄布冠、进贤冠、武冠、高山冠、法冠、长冠等，与汉代冠基本相同。笔者在《汉代的冠》一文中对汉代冠的形成与冠名有详细论述，可以参阅①。

---

① 黄强：《汉代的冠》，刊《寻根》1996 年第 5 期；转刊于《新华文摘》1997 年第 2 期。

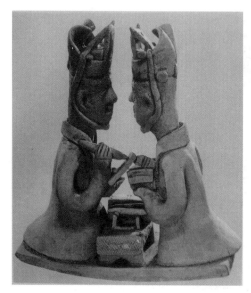

图3-6 晋代戴汉式
梁冠文吏
湖南长沙出土青釉瓷
陶俑。文官戴梁冠，
分为五梁、三梁、二
梁、一梁几个等级，
品级最高者是五梁
冠，品级最低者为一
梁冠。

南朝冠服，天子戴通天冠，高九寸，冠前加金博山颜，黑
介帻，着绛纱袍，皂缘中衣为朝服。皇太子戴远游冠，梁前加
金博山。诸王着朱衣绛纱袍，白曲领，皂缘白纱中衣。百官朝
服按春、夏、季夏、秋、冬五个时节，对应绛、黄、青、皂、
白五种服色服饰，称为五时朝服。时令只有春夏秋冬四季，五
时朝服其实就是四季朝服。周锡保先生说"缺秋时服，即白色
朝服"[1]，就是说名为五时及五种服饰朝服，实际上只有四时和
四色朝服。朝服内衬皂缘中衣。到了南朝宋时，增加白绢袍或
单衣一领。

根据《南朝宋会要》的记载，宋代冠服分为天子冠服与王
公百官冠服。

---

① 周锡保：《中国古代服饰史》，第132页，北京：中国戏剧出版社，1986年。

天子冠服根据所参与的活动而有所不同。礼郊庙，着黑介帻，平冕，即平天冕。冠式外表黑色，内衬朱绿色，广七寸，长一尺二寸，垂珠十二旒，朱色缨。冠服则上衣黑色，下裳绛色，前面三幅，后面四幅，绣有日、月、星辰、山、龙、华虫、宗彝、藻、火、粉米、黼、黻等图案的十二章纹。素带宽四寸，外饰红色。内穿的中衣领袖用绛色为边，腹前的敝膝为红色。绛色袴，绛色袜，红鞋履。不加元服，则戴空顶介帻。

祭奠先圣，则换皂纱裙，绛缘中衣，绛色袴、袜，着黑色鞋履。其朝服，戴高九寸的通天冠，前面金博山颜，黑介帻，绛纱裙，皂缘中衣。其拜陵，黑介帻，岌单衣。天子所穿杂服服色有多种，有青、赤、黄、白、细、黑色的介帻，五色纱裙，并与不同服色的杂服配戴的五梁进贤冠、远游冠、平上帻、武冠。天子的素服为白帕单衣。南郊，致斋之朝，天子着绛纱袍，黑介帻，通天金博山冠。郊之日，服龙衮，戴平天冠。天子南郊亲奉仪注，开始戴平天冠，穿火龙黼黻之服。礼仪结束返回时，更换通天冠，绛纱袍。天子进行庙祠亲奉时，礼仪结束返回时，换用黑介帻。谓宜同郊还，亦变着通天冠，绛纱袍。殷祠，致斋之日，御着绛纱袍，黑介帻，通天金博山冠。祠之日，着平冕龙衮之服。[1] 籍田仪式，天子用通天冠，朱纮，青介帻，着青纱袍。大明四年，更换为十二旒冕冠，朱纮，黑介帻，着青纱袍。校猎活动，天子着黑介帻、单衣。如果要上场射猎，则需要更换为戎服，射猎活动结束，仍着黑介帻单衣。天子听政，则着通天冠，朱纱冠，以为听政之服。

---

[1] 〔清〕朱铭盘撰：《南朝宋会要》，第199-200页，上海：上海古籍出版社，1984年。

图3-7　南北朝文官朝服（摘自《中国历代服饰集萃》）

南北朝帝王近臣朝服是红色大袖绫袍，内穿白色曲领中单。下着大口裤，脚蹬黑色笏头履。头戴笼冠，即平巾帻外罩漆纱笼巾。红色在南北朝时期尚未形成隋唐的品色制度，即红色并未明确是高官的服色，但是此时的朝服流行用红色，也因此为隋唐品官服色制度红、绯、紫色为高官服饰奠定基础。

宋明帝刘彧泰始六年（470），皇太子出东宫，制太子冠服。元正朝贺，皇太子服衮冕，九章衣（去除日、月、星辰的九章纹）。对皇太子着九章衣，朝臣有过讨论，即皇太子着衮冕九章衣是否符合礼规？郑玄注说：从衮冕到卿大夫的玄冕，皆其朝聘天子之服也。皇太子是储君，以其之尊，理当率领朝臣瞻仰天子，服衮冕九旒以为朝贺。依礼，皇太子元正朝贺，应服衮冕九章衣。皇太子，有五时朝服，远游冠，以及二梁进贤冠，佩瑜玉。[①]

王公百官冠服，藩王以下至六百石皆着青色衣。校猎之官皆袴褶服，戴武冠者。皇帝围猎时，非参与校围猎的官员，着朱色衣。皇帝上场射猎，更换戎服时，随从官员及虎贲武士也要换装。

武官、侍臣戴武冠、法冠、高山冠、樊哙冠，侍臣加貂蝉，侍中左貂，常侍右貂。负责皇帝舆具、奏乐的鼓吹手，戴黑帻武冠。

内外戒严时，武士着袴褶服。关于袴褶服在第四章有详细论述。

<hr />

① 〔清〕朱铭盘撰：《南朝宋会要》，第201页，上海：上海古籍出版社，1984年。

诸王、郡公,太宰、太傅、太保、丞相、司徒、司空,有五时朝服,远游冠,三梁进贤冠,佩山玄玉。

相国、大司马、大将军、太尉,凡将军位从公者,有五时朝服,武冠,佩山玄玉。

郡侯用进贤三梁冠,骠骑、车骑卫将军,凡诸将军加大者,征、镇、安、平、中军、镇军、抚军、前、左、右、后将军,征虏、冠军、辅国、龙骧将军,用武冠,均有五时朝服,佩水苍玉。

诸王世子、郡公侯世子,有五时朝服,进贤两梁冠,前者佩山玄玉,后者佩水苍玉。

侍中、散骑常侍及中常侍,有五时朝服,武冠。貂蝉,侍中左,常侍右,皆佩水苍玉。

尚书令、仆射、尚书,有五时朝服,纳言帻,进贤两梁冠,佩水苍玉。

中书监令、秘书监、光禄大夫、卿、尹、太子太保、傅、大长秋、太子詹事,有五时朝服,进贤两梁冠,佩水苍玉。

卫尉、司隶校尉、武尉、左右尉、中坚、中垒、骁骑、游击、前军、左军、右军、后军、宁朔、建威、振威、奋威、扬威、广威、建武、振武、奋武、扬武、广武、左右积弩、强弩诸将军、监军、领军、护军、城门五营校尉、东南西北中郎将,用武冠,着五时朝服,佩水苍玉。

县、乡、亭侯,着朝服,进贤三梁冠。州刺史,着绛色朝服,戴进贤两梁冠。御史中丞、都水使者,着五时朝服,戴进贤两梁冠,佩水苍玉。谒者仆射,着四时朝服,戴高山冠,佩水苍玉。诸军司马,着朝服,戴武冠。给事中、黄门侍郎、散骑侍郎、太子中庶子、庶子、冗从仆射、太子卫卒,着五时朝服,戴武冠。虎贲中郎将、羽林监、北军中侯、殿中监,着四时朝服、戴武冠。

关内、关中名号侯，着朝服，戴进贤两梁冠。梁冠中级别最低的是一梁冠，中书侍郎，着五时朝服，戴进贤一梁冠。尚书左右丞、秘书丞、尚书秘书郎、太子中舍人、洗马、舍人，着朝服，戴进贤一梁冠。[①]

前面已经说过，五时朝服实际仍然是四时（四季）朝服。名称上虽有变化，实际一样。

根据《南齐书·舆服志》记载，南齐的冠服大致情况如下：

天子戴通天冠，黑介帻，金博山颜，绛纱袍，皂缘中衣。

太子、诸王用远游冠。太子用朱缨，翠羽緌珠节。诸王与公侯用玄缨。

平冕，各以组为缨，上公八旒，衣山、龙九章，卿七旒，衣华虫七章，并助祭所服。皆画皂绛缯为之。

官员戴进贤冠，使用品级广泛，开国公、侯、乡、亭侯，卿，大夫，尚书，关内侯，二千石，博士，中书郎，丞，郎，秘书监、

图 3-8　汉元帝通天冠（摘自《中国古代服饰史》。黄沐天设色）
《女史箴图》中通天冠形制，长缨做鸟飞之状，轻飘飞扬。通天冠的出现由来已久，秦朝采取楚国之制为皇帝常服，用于郊祀、朝贺及燕会，相当于百官的朝冠。汉代沿用旧名，重新创制，以铁为梁，正竖于顶，梁前有山，展筒为述，高九寸。汉代以后，历代相袭，其式屡有变易，即汉代通天冠与晋代、唐代，都有所不同。晋代通天冠在冠前加金博山（冠上装饰物），南朝宋时于冠下衬黑介帻。

① 〔清〕朱铭盘撰：《南朝宋会要》，第203-205页，上海：上海古籍出版社，1984年。

丞、郎，太子中舍人、洗马、舍人，诸府长史，卿，尹、丞，下至六百石令长小吏。只是进贤冠分为三梁、二梁、一梁，官员依品级使用。

武官戴武冠，侍臣、军校武职、黄门、散骑、太子中庶子、二率、朝散、都尉，都用武官。只是侍臣在武冠上加貂蝉，武骑虎贲服文衣，插雉尾于武冠之上。

廷尉等诸执法者戴法冠，谒者戴高山冠，殿门卫士戴樊哙冠[1]。樊哙冠也是武冠，因汉代樊哙使用而得名。在形制上，武冠与樊哙

图3-9 《列女传图》南朝通天冠（摘自《中国古代服饰史》。黄沐天设色）与汉元帝通天冠有相似之处，只是无长缨飘飞。晋代的通天冠与隋唐通天冠形制差异较大。人物腋下插有麈尾，则是南朝典型的习尚。

冠有区别。黑介帻冠属于文冠，平帻冠属于武冠。

根据《南朝梁会要》《梁书》记载，梁朝的冠服大致如下：

大小会、祀庙、朔望、五日还朝活动，皇太子朝服，戴远游冠，金博山，佩瑜玉翠绶，垂组，朱色衣，绛纱袍，白曲领皂缘白纱中衣，带鹿庐剑，火珠首，素革带，玉钩爕，兽头佩囊。参加释奠仪式，太子戴远游冠，玄色朝服，绛缘中单，绛袴袜，玄舃。皇太子也有三梁进贤冠。梁代昭明太子"旧制，太子著

① 〔南朝·梁〕萧子显撰：《南齐书》，第341-342页，北京：中华书局，2007年。

远游冠, 金蝉翠绥缨; 至是, 诏加金博山"[1]。

诸王朝服, 戴远游冠, 介帻, 朱色衣, 绛纱袍, 皂缘中衣, 素带, 黑舄。佩山玄玉, 垂组, 大带, 兽头鞶带, 腰间挂剑。

开国公、侯、伯、子、男的朝服, 纱朱衣, 戴进贤三梁冠, 公佩山玄玉, 侯、伯、子佩水苍玉。

县、乡、亭、关内、关中及名号侯、关外侯, 开国公、侯子嗣的朝服, 戴进贤二梁冠。

太宰、太傅、太保、司徒、司空的朝服, 戴进贤三梁冠, 佩山玄玉。

大司马、大将军、太尉、诸位从公者的朝服, 戴武冠, 佩山玄玉。

尚书令、仆射、尚书的朝服, 用纳言帻, 进贤冠, 佩水苍玉。

侍中散骑常侍、通直常侍、员外常侍的朝服, 戴武冠貂蝉, 皆腰挂剑, 佩水苍玉。

中书监、令、秘书监的朝服, 戴进贤二梁冠, 佩水苍玉。

光禄、太中、中散大夫, 太常、光禄、弘训太仆、太仆、廷尉、宗正、大鸿胪、大司农、少府、大匠诸卿, 丹阳尹, 太子保、傅, 大长秋, 太子詹事的朝服, 戴进贤二梁冠, 佩水苍玉。

骠骑、车骑、卫将军、中军、冠军、辅国将军、四方中郎将的朝服, 戴武冠, 佩水苍玉。

领、护军, 中领、护军, 五营校尉的朝服, 戴武冠, 佩水苍玉, 兽头鞶。

弘训卫尉, 卫尉, 司隶校尉, 左右尉、骁骑、游击、前、后、左、右军将军, 龙骧、宁朔、建威、振威、奋威、扬威、

---

① 〔唐〕姚思廉撰:《梁书》, 第165-166页, 北京: 中华书局, 2008年。

武威、建武、振武、奋武、广武将军，积弩、积射、强弩将军，监军的朝服，戴武冠，佩水苍玉，兽头鞶。

国子监祭酒，着皂朝服，戴进贤二梁冠，佩水苍玉。

御史中丞、都水使者的朝服，戴进贤二梁冠，兽头鞶，腰佩剑，佩水苍玉。

给事中、黄门侍郎、散骑通直员外、散骑侍郎、奉朝请、太子中庶子、庶子、武卫将军、武骑将军的朝服，戴武冠，腰佩剑。

中书侍郎的朝服，戴进贤一梁冠，腰佩剑。

武贲中郎将、羽林监的朝服，戴武冠。在皇帝仪仗时，则冠上插鹖尾，着绛纱縠单衣。

护匈奴中郎将，护羌、戎、夷、蛮、乌丸、西域校尉的朝服，戴武冠，兽头鞶。

安夷、抚夷护军，州郡国都尉，奉军、驸马、骑都中尉，诸护军的朝服，戴武冠。

州刺史的朝服，兽头鞶，腰佩剑，戴进贤二梁冠。

郡国太守、相、内史的冠服为单衣，戴介帻。

尚书左、右丞，秘书丞的朝服，兽爪鞶，戴进贤一梁冠。

尚书、秘书著作郎，太子中舍人、洗马、舍人的朝服，戴进贤一梁冠，腰佩剑。

治书侍御史、侍御史的朝服，腰佩剑，戴法冠。

诸博士着皂朝服，戴进贤二梁冠，佩水苍玉。

国子监助教，着皂朝服，戴进贤一梁冠，簪笔。

直阁将军、诸殿主帅，着朱服，戴武冠。正直绛衫，从则裲裆衫。

诸开国郎中令、大农，公、传中尉的朝服，戴进贤两梁冠。

中尉戴武冠，皆用兽头鞶。

诸开国三将军，左右常侍、侍郎、典卫中尉司马的朝服，戴武冠。

典书、典祠、学官令的朝服，戴进贤一梁冠。[1]

永定元年（557），陈武帝陈霸先登基，陈代冠制沿袭梁代旧制。根据《隋书·礼仪志》《南朝陈会要》记载，陈代冠服大致如下：

陈代"皇太子，金玺龟钮，朱绶，朝服，远游冠，金博山，佩瑜玉翠绥，垂组，朱衣，绛纱袍，皂缘白纱中衣，白曲领，带鹿庐剑，火珠首，素革带，玉钩璎，兽头鞶囊"[2]。

太宰、太傅、太保、司徒、司空的朝服，戴进贤三梁冠，佩山玄玉，兽头鞶，佩剑。

轻车、镇朔、武旅、贞毅、明威、宁远、安远、征远、振远、宣远等将军的朝服，用兽头鞶，戴武冠，佩水苍玉。

诸将军、使持节、都督执节史，着朱衣，戴进贤一梁冠。

诸王典签帅，着单衣，戴平巾帻。典签书吏，着袴褶，戴平巾帻。诸王书佐，着单衣，戴介帻。公府书佐，着朱衣，戴进贤冠（未说明几梁进贤冠，依其官职，应该是低品级，用一梁冠）。诸王国舍人、司理、谒者、阁下令史、中卫都尉，着朱衣，戴进贤一梁冠。

太子太傅五官功曹、主簿，着皂朝服，戴进贤一梁冠。太子二傅门下主记、录事、功曹书佐、门下书佐，记室账下督、都督省事，法曹书佐，太傅外都督，着皂衣，戴进贤一梁冠。

---

① 〔清〕朱铭盘撰：《南朝梁会要》，第157-163页，上海：上海古籍出版社，1984年。

② 〔唐〕魏征、令狐德棻撰：《隋书》，第218页，北京：中华书局，2016年。

图 3-10 远游冠（摘自《中国古代服饰史》）

顾恺之《洛神赋图》中远游冠。远游冠为诸王的礼冠，从楚冠演变而来。其形制如通天冠，有展筒横于前，无山、述。汉代以后历代相袭，形制有所变易。

图 3-11 晋代进贤冠（摘自《中国古代服饰史》。黄沐天设色）

进贤冠由淄布冠发展而来，以铁梁、细纱为之，冠上缀以梁，以别等级。其冠前高后低，前柱倾斜，后柱垂直，使用时加于帻上。汉代以后，历代相沿，其制不衰。晋代进贤冠分为五梁、三梁、二梁、一梁，皇帝也戴进贤冠，用五梁。

侧

正

侧

太子三校、二将，积弩、殿中将军，着绛色朝服，戴进贤一梁冠。太子正员司马督、题阁监、三校内主事、主章、扶持、守舍人，衣带仗局、服饰衣局、珍宝朝廷主衣统、奏事干、内局内干，着朱衣，戴武冠。太子二傅骑官吏，着玄衣，戴赤帻、武冠，常行则袴褶。执仪、斋帅、殿帅、典仪帅、传令、执刀戟、主盖扇麾伞、殿上持兵、车郎、扶车、注疏、萌床、斋阁食司马、唱导饭、主食、殿前帅、殿前威仪、武贲威仪、散给使、阖将、鼓吹士帅副，戴武冠，着绛褠。案辂、小舆、持车、轺车给使，戴平巾帻，着黄布袴褶，赤屩带。太子诸门将，着涅布褠，戴樊哙冠。太子卤簿戟吏，戴赤帽，武冠，着绛褠。廉帅、整阵、禁防，戴平巾帻，着白布袴褶。靴角五音帅、长麾，着青布袴褶，岑帽，绛绞带。都伯，戴平巾帻，着黄布袴褶。

太子妃家令，着绛朝服，戴进贤一梁冠。太子妃传令，着朱衣，戴武冠。

文官曹干、尚书二台曹干，着白纱单衣，戴介帻。

武官问讯、将士给使，戴平巾帻，着白布袴褶[1]。

根据上述的记述，读者会注意到官员着朱色衣较多，其次皂衣（黑色衣）。到了低级官员则黄袴褶、白袴褶。隋唐时期朱色、绯色、紫色为高贵服色，但在南北朝时期尚未形成制度，因此朱衣、绯袍，在南北朝时期不分贵贱，都可穿着。五代马缟云："旧北齐则长帽短靴，合袴袄子，朱、紫、玄、黄，各从所好。天子多著绯袍，百官士庶同服。"[2] 但是服色的等差，

---

[1] 〔清〕朱铭盘撰：《南朝陈会要》，第91-97页，上海：上海古籍出版社，1986年。

[2] 〔晋〕崔豹撰，崔杰学校点：《古今注》，第27页，沈阳：辽宁教育出版社，1998年。

并非完全没有限制，冠服限制少，等有了公服之后，逐渐有了服色的区别，服饰"别等级，明贵贱"的作用进一步加强。

百官朝服公服，皆执手板。七品以上文官的朝服，手板上皆簪白笔，以紫皮裹之。王、公、侯、伯、子、男爵位的官员，卿尹和武官，手板上不簪白笔。朝服的组成有冠、帻各一顶，绛纱单衣，白纱中单，皂色领袖，皂禩，革带，方心曲领，蔽膝，白笔，舄、袜，两绶，佩剑，簪导，钩䚢，作为具服。公服的组成有冠、帻，纱单衣，深衣，革带，假带，履袜，钩䚢，又称从省服。八品官以下，流外官四品以上，按照上面的组合来搭配[①]。

第三节　女性朝服公服

朝服、公服还涉及女性，包括皇太后、皇后、嫔妃、女官以及命妇。

《隋书·礼仪志六》记载：皇后礼服有六种，分别是袆衣、褕狄、阙狄、鞠衣、展衣以及褖衣。"助祭朝会以袆衣，祠郊禖以褕狄，小宴以阙狄，亲蚕以鞠衣，礼见皇帝以展衣，宴居以褖衣。"[②] 六种礼服都有蔽膝，织成褾带。前三种是祭服，又称三翟，因为服饰上饰有翚翟、摇翟图形。梁武帝萧衍"后宫职司贵妃以下，六宫袆褕三翟之外，皆衣不曳地，傍无锦绮"[③]。

---

① 〔唐〕魏征、令狐德棻撰：《隋书》，第242页，北京：中华书局，2016年。

② 同上书，第243页。

③ 〔唐〕姚思廉撰：《梁书》，第97页，北京：中华书局，2008年。

袆衣属于袿襦大衣，皂色上衣与下裳，绘翚雉（野鸡），是三翟中最高等级礼服，相当于皇帝的十二章衣。袆衣既是祭服，也是朝服和册后、婚礼的吉服。

褕翟上绘摇翟雉，"五采画之缀于衣上，以为文章"[①]，青色衣。

阙翟，"刻缯为雉形，不以五色画之，故云阙翟。其衣色赤，俱刻赤色之缯为雉形，间以文缀于衣上"[②]。阙翟上的雉形不以彩色为之。

鞠衣是祭祀蚕神嫘祖、鼓励人民勤于纺织的亲蚕礼仪的服饰，称为亲桑之服，服色如黄桑之色，面料用黄，衬里用白。《隋书》《三礼图》对此服的服色描述不一致。《隋书》说"亲蚕则青上缥下"[③]，即青色上衣，青白色（缥）下裳。笔者倾向鞠衣为桑黄色。通常春祭，着青色衣。东方属木，木色为青，用青，以顺时气。古代对于天地的祭祀，是天子举行的最高等级的祭祀，《礼仪·曲礼》中记述了这种祭祀，天子不光是"祭祀天地"，而且每个季节都要祭祀东西南北四方之神，"祭天地、祭四季这种所谓宇宙仪式是只允许天子做的祭祀"[④]。

展衣，以礼见君王，接见宾客之服。服饰为白色。

褖衣，见君王，燕居之服。服饰为黑色。

以上六衣都是深衣形制。

---

① 〔宋〕聂崇义：《新定三礼图》影印本，第30页，杭州：浙江人民美术出版社，2016年。
② 同上书，第31页。
③ 〔唐〕魏征、令狐德棻撰：《隋书》，第236页，北京：中华书局，2016年。
④ ［日］桥本敬造著，王仲涛译：《中国占星术的世界》，第14页，北京：商务印书馆，2017年。

内命妇、左右昭仪、三夫人（贵妃、贵嫔、贵姬）视同一品，穿褕翟，双佩山玄玉。九嫔妃（淑媛、淑仪、淑容、昭华、昭仪、昭容、修华、修仪、修容）视同三品，穿鞠衣，佩水苍玉。世妇视同四品，穿展衣，无佩。八十一御女视同五品，服褖衣。宫人女官，二品穿阙翟，三品穿鞠衣，四品穿展衣，五品、六品穿褖衣，七品、八品、九品穿青纱公服。

皇太子妃，穿褕翟。从蚕则穿青纱公服。

郡长公主、公主、王国太妃、妃，穿褕翟，双佩山玄玉。郡长君穿阙翟，双佩山玄玉。郡君、县主，穿阙翟，佩水苍玉。

女侍中、县君，穿鞠衣，佩水苍玉。乡主、乡君，穿褖衣，佩水苍玉。

外命妇，以其丈夫官职，对应服饰。一品、二品官员命妇，穿阙翟。三品官员命妇，穿鞠衣。四品官员命妇，穿展衣。五品官员命妇，穿褖衣。

内外命妇、宫人女官从蚕，则各依品次，服青纱公服。

百官之母诏令加太夫人称号的，其朝服、公服，与命妇相同。①

今人对于典籍中只是标注什么人穿什么衣裳，从阅读上来说，不直观，也不容易记住。但是古代服饰的等级差别就是这么严格，当时的人们才会有深刻印象。假若我们能够对照《洛神赋图》《女史箴图》《列女传图》来比较，就会发现衣裳两侧有长长的燕尾垂饰，随风飘动，大衫翩翩，色彩艳丽的服饰，是多么的美，多么的惊艳。

---

① 〔唐〕魏征等撰：《隋书》，第243-244页，北京：中华书局，2016年。

第四节 公服之制

魏晋南北朝时期的官服，称为公服，也称"从省服"。其形制为圆领、大袖，下裾加一横襕，并以服色分别品秩高低。齐武帝永明四年（486），"夏，四月，辛酉朔，魏始制五等公服"。胡三省注曰："公服，朝廷之服；五等，朱、紫、绯、绿、青。"[1] 按照胡三省的说法，公服始于曹魏，到了南朝齐代也出现了公服制度，并以红、紫、绯、绿、青五种服色来区别官职的高低，为隋唐品官服色制度奠定了基础。宋元明清时期官服服色也基本采用这五色，红、绯、紫色为尊贵之色。

袍子是义武百官的主要礼服。自三国曹魏对官服稍加改动之后，两晋南朝基本上沿用下来。作为象征统治阶级地位的官服，在六朝时期，依然保持着礼服的庄严状态。《晋书·舆服志》："魏明帝以公卿衮衣黼黻之饰，疑于至尊，多所减损，始制天子服刺绣文，公卿服织成文。及晋受命，遵而无改。"[2] 可见魏明帝对前代天子、百官服饰，并没有更改多少，只是增加了新规定，天子服用刺绣花纹，百官公卿用织锦花纹。到了晋代沿袭旧制，不做更改。

百官的五时朝服，有绛色袍及黄、青、皂、白诸色袍，但是实际上通常穿绛色袍，白色朝服（秋服）通常不用。袍内衬者都是皂缘中衣。没有里子的长衣，即为单衣，又称禅衣，一般在夏季常穿，规格次于朝服。苏峻之乱后，东晋政府一度出现财政危机，"（王）导善于因事，虽无日用之益，而岁计有余。

---

[1] 〔宋〕司马光编著，〔元〕胡三省注：《资治通鉴》，第4347页，北京：中华书局，2011年。

[2] 〔唐〕房玄龄等撰：《晋书》，第765页，北京：中华书局，2010年。

图 3-12　魏晋信使图（甘肃省博物馆藏）

1973 年嘉峪关魏晋 5 号墓壁画，长 26 厘米，宽 17 厘米，厚 5 厘米。信使头戴黑帻，身穿右襟宽袖衣，足蹬长靴，左手持信物。驿使脸上五官缺少了嘴巴，据说寓意昔日驿传的保密性。这是距今 1600 年前中国邮驿的写照。

时帑藏空竭，库中惟有练布数千端，鬻之不售，而国用不给。（王）导患之，乃与朝贤俱制练布单衣，于是士人翕然竞服之，练遂踊贵。乃令主者出卖，端至一金"[1]。都说影星、艺人有号召力，引领时尚潮流。王导的率先垂范，同样起到了积极引导作用。

　　公服的出现最晚不会迟于晋永兴二年（305）。《世说新语·伤逝》："王濬仲（王戎）为尚书令，著公服，乘轺车，经黄公酒垆下过。"[2]王戎与嵇康、阮籍同为竹林七贤，生活在三国至魏晋时期。早期公服多做成单层，是一种单衣。两袖窄小，这是其有别于祭服、朝服的地方。出于公务的考虑，称之为褠

①　〔唐〕房玄龄等撰：《晋书》，第 1751 页，北京：中华书局，2010 年。
②　〔南朝·宋〕刘义庆撰，朱碧莲、沈海波译：《世说新语》，第 282 页，北京：中华书局，2016 年。

衣①。《隋书·礼仪志六》："流外五品以下，九品以上，皆著襦衣为公服。"②

袍是长衣的统称，一般都有里子。侯景之乱，梁武帝萧衍太清二年（548）十月，萧正德与侯景合兵，"（侯）景军皆著青袍，（萧）正德军并著绛袍，碧里，既与（侯）景合，悉反其袍"③。《资治通鉴》的记录，传递了这样的信息：梁朝军队将士着袍；各部队的袍服颜色不同，侯景的叛军着青色袍，原本属于梁朝的萧正德部队着绛色袍，衬里是碧色。等到侯、萧两军合为一股军事力量时，为避免混战，萧军将袍服反穿，衬里碧色，正好与侯军青袍服色接近。

武官的官服是裲裆甲。裲裆甲结构简单，前后两个甲身，肩部系牢，制作和穿戴都很方便。它是南北朝乃至隋唐时期武官的礼服。武官的裲裆甲形制同裤褶服，又名常服、从省服，为武官日常办公、上朝议事时的服饰。宫廷侍卫、侍从也穿这种服饰，有的时候，裲裆衫外也可不披裲裆甲，这种穿法在六朝的陈朝是正职武官的服饰④。

魏晋南北朝时期民族的大融合，使得汉民族的服饰吸纳了北方少数民族服饰的特点，衣服裁剪更加贴身、适体，传统的服装样式深衣制逐渐退化。西北少数民族的服装胡服，尤其是裤褶和裲裆则成了社会的流行服装，其应用范围由燕居（家居），

---

① 周汛、高春明：《中国古代服饰大观》，第272页，重庆：重庆出版社，1996年。
② 〔唐〕魏征、令狐德棻撰：《隋书》，第243页，北京：中华书局，2016年。
③ 〔宋〕司马光编著，〔元〕胡三省注：《资治通鉴》，第5081页，北京：中华书局，2011年。
④ 刘永华：《中国古代军戎服饰》，第78页，上海：上海古籍出版社，2006年。

扩大到日常生活与礼仪交往。

第五节　带与绶带

　　晋代官员服饰上有绶、佩，这也是官员之间区别等级的标识之一。汉代服饰的一个特点就是佩绶制度。自秦汉以来，腰间除了挂刀剑，也佩挂组绶。"组"是丝带编织的饰物，也可以用来系腰；"绶"是官印上的绶带，又称印绶。汉代规定，"官员平时在外，必须将官印装在腰间的鞶囊里，将绶带垂在外边。印绶是汉朝区分官阶的重要标志。因为单凭冠帽并不能把等级区分得很严明（如文官所戴的进贤冠，只有一梁、二梁、三梁三等），所以必须借助于印绶来划分更细的等级。这种印绶无论在尺寸、颜色及织法上，都有明显不同，使人一望便知佩绶人的身份"[1]。

　　《晋书·舆服志》规定：文武官员皆假金章紫绶，相国丞相绿綟绶，并有金章紫绶、银章青绶、铜印墨绶，以及佩玉、佩水苍玉之差别[2]。南朝宋时，皇太子缥朱绶，佩瑜玉。南朝陈时直阁将军朱服，武官铜印，青绶。《晋书·陶潜传》记载：陶潜作彭泽县令时，遇到督邮检查，要求他去拜见，"束带见之"，他不肯为五斗米折腰，"义熙二年（406），解印去县，乃赋《归去来》"[3]。《宋书·陶潜传》说是"即日解印绶去职"[4]。这印绶就是官员等级象征的章与绶。

---

① 周汛、高春明：《中国历代服饰》，第39页，上海：学林出版社，1994年。
② 周锡保：《中国古代服饰史》，第132页，北京：中国戏剧出版社，1986年。
③ 〔唐〕房玄龄等撰：《晋书》，第2461页，北京：中华书局，2010年。
④ 〔南朝·梁〕沈约撰：《宋书》，第2287页，北京：中华书局，2006年。

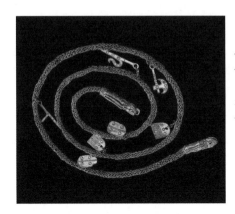

图 3-13 西晋金龙佩饰
（摘自《金色中国》）
金饰在六朝时期虽然远不
如隋唐时期盛行，但是也
受到人们的推崇。彰显佩
戴者的身份，因为能用金
饰的，非贵即富。

　　宫廷的"贵人、夫人、贵嫔，是为三夫人，皆金章紫绶，
章文曰贵人、夫人、贵嫔之章。佩于瑱玉。淑妃、淑媛、淑仪、
修华、修容、修仪、婕妤、容华、充华，是为九嫔，银印青绶，
佩采璊玉。……皇太子妃金玺龟钮，纁朱绶，佩瑜玉。诸王太妃、
妃、诸长公主、公主、封君金印紫绶，佩山玄玉。……郡公侯
县公侯太夫人、夫人银印青绶，佩水苍玉，其特加乃金紫"①。

　　六朝之齐代，"绶，乘舆黄赤绶，黄赤缥绿绀五采。太子
朱绶，诸王纁朱绶，皆赤黄缥绀四采。妃亦同。相国绿綟绶，
三采，绿紫绀。郡公玄朱，侯伯青朱，子男素朱，皆三采。公
世子紫，侯世子青，乡、亭、关内侯墨绶，皆二采。郡国太守、
内史青，尚书令、仆、中书监、秘书监皆黑，丞皆黄，诸府丞
亦黄。皇后与乘舆同赤，贵嫔、夫人、贵人紫，王太妃、长公主、
封君亦紫绶，六宫六青绶，青白红，郡公、侯大人青绶"②。

　　系鞶带，就是皮带，因以生革为之，故称鞶带。《晋书·舆

①　〔唐〕房玄龄等撰：《晋书》，第774页，北京：中华书局，2010年。
②　〔南朝·梁〕萧子显撰：《南齐书》，第342-343页，北京：中华书局，
2007年。

服志》记载："革带，古之鞶带也，谓之鞶革，文武众官牧守丞令下及驺寺皆服之。其有囊绶，则以缀于革带，其戎服则以皮络带代之。八坐尚书荷紫，以生紫为袷囊，缀之服外，加于左肩。"[1] 革带的作用不仅仅用于束腰，也用于系佩。古代服饰有"别等级，明贵贱"的作用，各阶层人群、各级官员的服饰面料、服色都有严格区别，至于官服更是复杂，除了图案的象征意义，服色的品官高低，佩饰也是有差别的，甚至佩饰还有进入宫廷的身份证明作用。

腰带采用带扣，孙机先生认为，带扣"式样虽然繁复，但归纳起来不外三种类型：Ⅰ型，无扣舌；Ⅱ型，装固定扣舌；Ⅲ型，装活动扣舌"[2]。晋代主要是Ⅱ型、Ⅲ型带扣。江苏宜兴晋代周处墓、辽宁朝阳袁子台东晋墓，都出土过Ⅲ型银质带扣。此外也有铜质鎏金的带扣。

六朝女性服饰腰带一般用锦带，上面织有葡萄纹、莲花纹等纹样，有诗为证。梁代何思澄《南苑逢美人诗》云："风卷

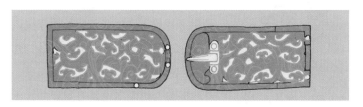

图 3-14 晋代周处墓出土的银质带扣（摘自《中国圣火》。黄沐天设色）
周处是除"三害"故事的主角。周处少年时祸害乡里，被视为"三害"之一，后经陆机、陆云劝导，改邪归正。出仕西晋，拜新平太守，后迁御史中丞，刚正不阿。出土的银质带扣是周处官服腰带的部件。

① 〔唐〕房玄龄等撰：《晋书》，第 772 页，北京：中华书局，2010 年。
② 孙机：《中国圣火——中国古文物与东西文化交流中的若干问题》，第 65 页，沈阳：辽宁教育出版社，1996 年。

图 3-15　佩戴鞶囊的北朝官吏（摘自《中国服饰名物考》。黄沐天设色）《北齐校书图》中的官员佩戴鞶囊，系腰带上，挂于右侧。

葡萄带，日照石榴裙。"梁代吴均《去妾赠前夫诗》："凤凰簪落鬓，莲花带绶带。"

佩囊，又称荷囊，用来盛放零星细小杂物，诸如印章、凭证、手巾等的口袋，系在腰间。以皮革制成的称鞶囊，用于男性；用丝帛制成的，用于女性。《古今注》曰："青囊，所以盛印也。奏劾者，则以青布囊盛印于前。示奉王法而行也；非奏劾日，则以青缯为囊盛印于后也。谓奏劾尚质直，故用布；非奏劾者尚文明，故用缯。自晋朝以来，弹劾奏之官专以印居前，非劾奏之官专以印居后。"[1]佩囊挂在腰前与腰后是不一样的。鞶囊的装饰，二品以上官员用金缕，三品以上官员用金银缕，四品用银缕，五品、六品用彩缕，七品、八品、九品用彩缕，兽鞶爪。[2]

佩囊上的图案也是有规定的，不是任意为之的。通常绣兽头，又以虎头居多。《晋书·舆服志》记载：皇

①　〔晋〕崔豹撰，崔杰学校点：《古今注》，第4页，沈阳：辽宁教育出版社，1998年。
②　〔唐〕魏征、令狐德棻撰：《隋书》，第242页，北京：中华书局，2016年。

太子"朱衣绛纱襈，皂缘白纱，其中衣白曲领。带剑，火珠素首。革带，玉钩䚢兽头鞶囊"①。

六朝时期佩囊有大于一般佩囊的，因为这时候的佩囊不只装零星小件，还要装上朝用的笏板。《宋书·礼志五》："尚书令、仆射、尚书手板头复有白笔，以紫皮裹之，名笏。朝服肩上有紫生袷囊，缀之朝服外，俗呼曰紫荷。或云汉代以盛奏事，负荷而行。"② 小型笏板可以装佩囊中，大型的长笏板也有别腰间的。

男子佩饰多，女子佩饰也不少。陆机《日出东南隅行》有云："暮春春服成，粲粲绮与纨。金雀垂藻翘，琼佩结瑶璠。"春天里，一群娇艳的女子穿着质地轻软的丝织品做成的春装，踩着春天的节奏踏青去。头上梳理着发髻，插上鸟雀状的金钗，金钗上点缀着鲜艳的羽毛。胸前、腰间佩戴着多种美玉制成的饰品，艳丽而华美。

---

① 〔唐〕房玄龄等撰：《晋书》，第773页，北京：中华书局，2010年。
② 〔南朝·梁〕沈约撰：《宋书》，第519页，北京：中华书局，2006年。

第四章　一种风流吾最爱

——六朝的便服

相对于官服，对应的是两类服饰，一是燕居服饰，即居家的生活装，也可称之为休闲装。休闲装其实并不能完全涵盖生活装的概念，因为按照今日休闲装的概念，休闲就是在事主闲情雅致方面，诸如下棋、垂钓、散步，穿着的比较宽松、舒适的服装。对于官宦人士、士大夫之族，古代燕居，就是在家的生活装，可以说休闲，如每天下朝后的休息时光，诸如读书、娱乐、游戏，纯粹是一种放松；也可能是远离庙堂的被贬，失意孤独，因为无事而闲，闲而无事，在闲中找寻放松，寻找排解寂寞的方法，苦中找乐，而不是真正的休闲。

另一种是平民的服饰，即没有功名的读书人以及乡绅野老的服饰，或者名之为白丁的服饰。

这两类服饰都不是官场所穿的朝服，都属于生活中的本色装束，便装的名称比较贴切，也可冠名"生活服饰"，或曰"生活装"。

张亮采先生说："天下言风流者，以王乐为称首，后进莫不竞为浮诞，遂成风俗。学者以老庄为宗而黜六经，谈者以虚荡为辨而贼名检。行身者以放浊为通而狭节信，仕进者以苟得贵而鄙居正，当官者以望空为高而笑勤恪。……一由屡经丧乱，中原涂炭，厌世主义遂以发生，于是酒色棋局，皆为清谈之后劲。当时除陶侃之甓，温峤之裾、祖逖之楫、颜之推、王通之学问卓然流俗，陶渊明之酒、嵇康之琴、谢安之东山妓、谢灵运之登山屐独有寄托外，其余胸无挟持，徒矜尚风流，翩翩浊世，若今日士大夫沉酣于花酒鸦片麻雀中者。"[1]

六朝人士放弃礼法，"越名教而任自然"，探讨人生，醉

---

[1]　张亮采：《中国风俗史》，第 80-81 页，北京：东方出版社，1996 年。

心艺术，往往率性而动，以纵情山水、性情快意为追求。陶渊明采菊东篱，谢灵运寄情山水，刘伶纵酒放达，王羲之坦腹东床，张季鹰鲈莼之思，恒子野邀步吹笛，无不是性情使然。在不拘礼法的情况下，率真的性情充分展现出来，真才子玩物不丧志，真性情豁达不虚伪。"士务通脱，以劳身为鄙，不以玩物丧志为讥。加以高门贵阀，雅善清言，兼矜多艺，然襟怀浩阔，见闻而外，别有会心。"[①]于是乎，六朝的代表人物竹林七贤蔑视权贵，鄙视名利，淡泊明志，保持独立个性，追求逍遥生活。

第一节 衫子最具时代性

六朝时期男子服装中衫子最具时代性。衫子是衣袖宽松、面料轻薄、没有衬里的单衣。刘熙《释名·释衣服》："衫，芟也。芟末无袖端也。"沈从文先生认为衫无袖端，敞口。竹林七贤砖刻图中人物所穿衣服即为衫子。[②]

衫与袍的区别在于袍有祛，而衫有宽大敞袖。袍子一般有里，如夹袍、棉袍，而衫子有单、夹两种形式，质料有纱、绢、布等，颜色多喜用白，喜庆婚礼上也可穿白袍[③]。

由于不受礼教束缚，六朝时期人们的服饰日趋宽大，《宋书·周郎传》曰"凡一袖之大，足断为两，一裾之长，可分为二"[④]，形成褒衣博带的服饰风格。以嵇康、阮籍为首的竹林七

---

① 张亮采：《中国风俗史》，第82页，北京：东方出版社，1996年。

② 沈从文：《中国古代服饰研究》（增订本），第168页，上海：上海书店出版社，1997年。

③ 华梅：《服饰与中国文化》，第254页，北京：人民出版社，2001年。

④ 〔南朝·梁〕沈约撰：《宋书》，第2098页，北京：中华书局，2006年。

图 4-1　竹林七贤图砖印壁画北壁（南京博物院藏）

这幅壁画上的四个人物，向秀头戴帻，袒露一肩，闭目沉思；刘伶凝视手中酒杯，手蘸酒品尝；阮咸垂带飘于脑后，弹一把四弦乐器；荣启期披发、长须，腰系绳索，凝思而弹五弦琴。荣启期（前 571-前 474）并非六朝时人物，他是春秋时期的隐士，对孔子自言得三乐：为人，又为男子，又行年九十。后世常用为知足自乐之典。林树中教授考证，画像砖具有陆探微画作"秀骨清像"的风格，母版极有可能是六朝著名的宫廷画家陆探微。西善桥南朝大墓可能是南朝宋前废帝刘子业墓（成于景和元年，即 465 年），或后废帝苍梧王刘昱墓（成于元徽五年，即 477 年）。

图 4-2　穿宽衫嵇康抚琴泥塑（摘自《中国历代服饰泥塑》）

嵇康名列竹林七贤之首。《晋书·嵇康传》云："有奇才，远迈不群。身长七尺八寸，美词气，有风仪，而土木形骸，不自藻饰，人以为龙章凤姿，天质自然。""善谈理，又能属文，其高情远趣，率性玄远。"嵇康的衣着与他的志趣、品格、个性有关。

贤就喜欢穿宽大的衫子，以此蔑视朝廷。魏晋时期何以出现服饰趋向宽大的风格？按照鲁迅先生的说法，因为服用五石散之后，全身发烧，发烧之后又发冷。必须穿宽大的服饰才能避免服饰摩擦皮肤，导致溃烂，是因为服药的疾病，导致衣服宽大了起来①。宽大服饰的诞生属于歪打正着，因病态而飘逸。

衫子是单衣，乃春夏季节的服饰。《搜神记》云："吴选曹令史刘卓病笃，梦见一人以白越单衫与之。"② 又云："（棺）木中有好妇人，形

图 4-3 魏晋穿大袖衫贵族与衫子侍从（摘自《中国历代服饰》）
贵族穿大袖衫，衣带飘飘，戴卷梁冠，坐在榻上。侍从着宽衫，戴笼冠，在一旁伺候。

体如生人，着白练衫，丹绣裲裆。"③ 这是白越布的单衫与白练衫。干宝《搜神记》说的故事虽荒诞不经，但是对于民俗民风的叙述还是有客观依据的，可以佐证当时的纺织技术与服饰。《世说新语·夙惠》记载："晋武帝年十二，时冬天，昼日不著复衣，但著单练衫五六重。"④ 民间有十件单不如一件棉的说法，因为

---

① 鲁迅：《鲁迅全集》第三卷，第507-508页，北京：人民文学出版社，1981年。
② 〔晋〕干宝撰，马银琴译注：《搜神记》，第231页，北京：中华书局，2016年。
③ 同上书，第376页。
④ 〔南朝·宋〕刘义庆撰，朱碧莲、沈海波译：《世说新语》，第258页，北京：中华书局，2016年。

是单衣，面料轻薄，冬季即便套上五六件衫子，也无法抵挡寒风凛冽，晋武帝的经历可以为证。

六朝时期衫子的衣袖和衣襟与汉代以前服饰有很大不同。古代袍服的袖口收敛，缀以袖缘，名祛。"这种做法可能是出自御寒的目的，因两袖宽大不利于保暖，故在袖端收束。"① 衫子不用祛，袖口宽博垂直，因为衫子是单衣、夏衣，没有冬天保暖的要求。因为是夏装，衫子采用对襟，与汉代以前的大襟、衣领相交的交领服饰不同，颈部较交领装裸露得多，透气凉爽。

六朝汉族男子的服饰，主要是衫。《宋书·徐湛之传》已有宋高祖刘裕着纳布衫袄的记载，说明衫子使用人群广泛，上至君王，下至百姓②。衫子在晋朝还是上中层通用的便服，晋人车灌所撰《修复山林故事》记载："梓宫有练单衫、复衫、白纱衫、白縠衫。"衫子面料以纱、縠为主，面料轻薄；衫子除了单衫外，也有了有夹层的复衫，可以理解为夹棉布，或加入棉絮的棉衫。

汉族服饰的特点是右衽，并以交领为主，无论是上古时的深衣，还是魏晋南北朝时期的大袖衫，基本上是交领，一般认为隋唐时期官服才出现圆领，但是南京东吴大墓的考古发掘则改变了这个观点。2005 年 12 月 22 日，考古人员在江苏南京江宁区上坊镇挖掘东吴砖室墓葬，东吴大墓出土了一组青瓷俑，有二十余件，分为立侍俑、伎乐俑、跪坐俑、跪拜俑、抚琴俑等。青瓷俑的服饰、头饰各异，或着大袖长袍，或穿半袖短衫；或梳高髻，或戴小平冠。歌舞升平一组青瓷群俑中，有四尊人

① 周汛、高春明：《中国历代妇女妆饰》，第 205 页，上海：学林出版社、三联书店（香港）有限公司，1988 年。

② 〔梁〕沈约撰：《宋书》，第 1844 页，北京：中华书局，2006 年。

图 4-4　东吴大墓青瓷俑群像（南京市博物馆藏）
江苏南京江宁区上坊东吴大墓出土。这一组青瓷俑有十尊，其中伎乐俑吹奏，击鼓，抚琴，表现的是轻歌曼舞的场景。中间坐在榻上的人物双手拢于胸前，榻前置一条案，其神情在欣赏歌舞。十尊青瓷俑着交领大衫者六位，着圆领对襟衫者四位。

图 4-5　东吴着圆领对襟衫的青瓷俑（南京市博物馆藏）
江苏南京江宁区上坊东吴大墓出土。青瓷俑高 17.2 厘米。穿的衣裳是圆领对襟衫，双手拢于胸前，站立在主人旁侧，其身份是侍者。

图 4-6　东吴着半袖青瓷俑（南京市博物馆藏）

江苏南京江宁区上坊东吴大墓出土。青瓷俑高 21 厘米，戴平帻，着交领半袖衫。半袖衫属于亵衣，私密服饰，因为是非礼仪之服，一般不能见人。侍从着半袖衫，表明身份的卑微。

物俑穿的衣裳是圆领对襟衫，他们双手拢于胸前，处在观赏的位置，其身份是侍从，侍立一旁。

　　六朝时的单衣也就是衫。《搜神记》记载，东海郡兰陵县王瑚“夜半时，辄有黑帻白单衣吏诣县叩阁（县衙）”[①]。夏侯恺“着平上帻，单衣，入坐生时西壁大床，就人觅茶饮”[②]。六朝夏天炎热时，也有人着半袖衫，类似今天的短袖衫。《晋书·五行志》记载：“魏明帝着绣帽，披缥纨半袖，常以见直臣杨阜。谏曰：‘此礼何法服邪！’帝默然。近妖服也。夫缥，非礼之色。亵服尚不以红紫，况接臣下乎？”[③]因为半袖之服使用缥色，缥为青白色（《说文解字》曰：“缥，帛青白色也。”），服色与形制都不是正服，只有私居时穿戴。如果穿半袖见客，即便皇帝穿半袖见臣子，也被视为不合礼数。

①　〔晋〕干宝撰，马银琴译注：《搜神记》，第 416 页，北京：中华书局，2016 年。

②　同上书，第 358 页。

③　〔唐〕房玄龄等撰：《晋书》，第 822 页，北京：中华书局，2010 年。

第二节 裤褶服流行

六朝时，男子的便服除了衫，尚有袄、襦、裤、裙等，裤褶服是其中的代表。

平时的便服，这时候无论南北皆着裤褶（又作袴褶，"袴"通"裤"）。裤褶的特点，不在于其褶（短上衣）而在于其裤，这种裤褶即史书中所说的"为袴者直幅为口，无杀，天下之象"①。所谓"无杀即袴口不缝之使窄，故又称大口袴。为行动便利起见，遂在膝部将袴管向上提，并以带子束缚结"②。河南邓州、湖北襄阳等南朝墓出土画像砖中的人物，甚至陕西、河南出土的北魏孝子画像石棺中的人物，都着这样的裤褶。

一、什么是裤褶服

裤褶服不是魏晋南北朝才有的服饰形制，早在战国时期，赵武灵王服饰改革，倡导"胡服骑射"，汉民族就开始学习、借鉴少数民族服饰。"汉魏之际，军旅数起，上褶下裤，服之者多，于是始有裤褶之名。"③

北方各民族从事畜牧生产，习于骑马，涉水草，所以他们的衣着大多以衣裤为主，即上身着褶（短身上衣），下身着裤，称之为"裤褶服"。裤褶以其轻便简捷的特点成为军中将士的主要服装。《南齐书·王奂传》载，齐武帝"以行北诸戍士卒多褴褛，送袴褶三千具，令（王）奂分赋之"④。除将士外，王

---

① 〔唐〕房玄龄等撰：《晋书》，第826页，北京：中华书局，2010年。
② 孙机：《中国古舆服论丛》（增订本），第198页，北京：文物出版社，2001年。
③ 张承宗：《六朝民俗》，第57页，南京：南京出版社，2004年。
④ 〔南朝·梁〕萧子显撰：《南齐书》，第849页，北京：中华书局，2007年。

图 4-7　北朝缚裤与裤褶（摘自《中国古代服饰史》。黄沐天设色）
左边人物着有绑腿的缚裤，右边人物着小口裤褶。北朝缚裤与裤褶都
是戎装。

图 4-8　南朝裤褶画像砖（摘自《中国古代服饰史》。黄沐天设色）
河南邓县南朝画像砖。两人物着裤褶服，上服褶，下着小口裤。
《北史·蠕蠕传》有绯衲小口裤褶、紫衲大口裤褶的记录。

公大臣以及妇女也有穿裤褶者，可见这一服装样式在六朝时期是比较流行的。

《急就篇》云："褶为重衣之最在上者也，其形若袍，短身而广袖，一曰左衽之袍也。"《说文》亦作左衽袍。左衽的衣式，为其他民族的特点，汉族则为右衽之式。日后亦为汉族所采用。周锡保先生认为"当时其形式必然是既取其长，而又使其符合于汉族的特点，即采取其广袖与改为大口裤的形式。这样既可权作常服用而又可以作为急装戎服用，其式样当亦改为右衽"①。

褶裤之名，始见于三国孙吴初期。孙策攻克秣陵、曲阿后，收编了原下邳国相笮融及刘繇余部，增派给吕范兵士二千及马五十四。此后，吕范出任宛陵县令，击败丹阳贼寇。《江表传》记载，吕范愿意领都督，孙策笑而不答。"（吕）范出，更释褠，著袴褶，执鞭，诣阁下启事，自称领都督，（孙）策乃授传，委以众事。由是军中肃睦，威禁大行。"②褠衣是礼服，袴（裤）褶是军便装。吕范更衣再见孙策，穿褠衣表示对孙策的尊重，着袴褶表明武将身份，表明做事的决心。

二、南朝裤褶服是常服

裤褶服本为北方民族创制，随着南北民族的交融，北方少数民族上身着褶、下身着裤的裤褶服也流行到南方，被汉人采纳、使用。

---

① 周锡保：《中国古代服饰史》，第 131 页，北京：中国戏剧出版社，1986 年。
② 〔晋〕陈寿撰，〔南朝·宋〕裴松之注：《三国志》，第 1310 页，北京：中华书局，2018 年。

图 4-9　南朝画像砖裤褶装（摘自《中国古舆服论丛》。黄沐天设色）
河南邓县南朝墓出土画像砖。两牵马士兵戴平帻着裤褶服，《南齐书·吕
安国传》说及"裤褶驱使"，就是这样的士兵。

　　东晋以降，江左士庶皆服裤褶，《晋书·郭璞传》记载：
"（郭）璞中兴初行经越城，间遇一人，呼其姓名，因以裤褶
遗之。"[①]裤褶在东晋时不仅作为军服广泛使用，而且也作为私
居时的服饰和急装，并为百姓与帝王所采用。军人着袴褶也被
称为急装。《晋书·舆服志》记载："裤褶之制，未详所起，
近世凡车驾亲戎、中外戒严服之。服无定色，冠黑帽，缀紫摽，
摽以缯为之，长四寸，广一寸，腰有络带以代鞶。中官紫摽，
外官绛摽。又有纂严戎服而不缀摽，行留文武悉同。其畋猎巡幸，
则惟从官戎服带鞶革，文官不下缨，武官脱冠。"[②]文臣武将都
着裤褶服，使用普遍。

　　南朝时期，裤褶服穿着更为普遍。裤褶服是常服，刘宋文
帝第十九子、巴陵王刘休若与陈郡谢沈在会稽，"时内外戒严，

----

①　〔唐〕房玄龄等撰：《晋书》，第 1909-1910 页，北京：中华书局，2010 年。
②　同上书，第 772 页。

普著裤褶"①。又废帝常着小裤褶，未尝服衣冠。巴陵王欲为弑君，半夜呼袁淑等服裤褶，并取锦裁三尺为一段，中破为二，分与袁淑等缚裤。可知此裤乃大口裤，所以用锦缚裤使其做戎装之用。褶裤服为北族人常服，而南方也以其轻便急装，故亦盛行于南朝。②

北方的裤褶服窄袖窄管，便于骑马，传入南方后，并非直接穿戴，而是经过了改造。周锡保认为："南人就将上身的褶衣，加大了袖管。下身的裤管也加大了。这样的形式，才有些像上衣下裳之制，那就符合于汉族的衣冠制度了。……南人采用这种服饰，是既有便于行事而又适合于仪表体制。"③

裤褶服来源自北方，传入南方后，经过改良、推广，成为南朝的主要服饰，进而又传播到北方、北朝。在六朝东晋时期就有诸侍官戎行适，不服朱衣而着裤褶。这种裤褶服，自南北朝后，至唐代，并以此服作为朝见之服，也就是广袖、大口裤的形制，反过来又影响了北装。④

魏晋南北朝时期的裤分为小口裤和大口裤两种，穿大口裤行动不方便，就用三尺长的锦带将裤管束缚，称为缚裤⑤。大口裤的缚裤与小口裤的裤褶都是当时时髦的服饰，《南史·齐本纪下第五》记载，齐废帝东昏侯萧宝卷将缚裤作为常服穿，"戎服急装缚袴，上著绛衫，以为常服"⑥。对于裤褶的形制，沈从

---

① 〔南朝·梁〕沈约撰：《宋书》，第1883页，北京：中华书局，2006年。
② 周锡保：《中国古代服饰史》，第131页，北京：中国戏剧出版社，1986年。
③ 同上。
④ 同上。
⑤ 黄能馥、陈娟娟编著：《中国服装史》，第128页，北京：中国旅游出版社，1995年。
⑥ 〔唐〕李延寿撰：《南史》，第151页，北京：中华书局，2008年。

文先生认为："基本样式，必包括大、小袖子长可齐膝的衫或袄，膝部加缚的大小口裤。而于上身衫子内（或外）加罩两当。"①笔者陋见，加裲裆的裤褶仍然属于戎服，其风格是北朝服饰，裤褶进入南朝之后，由戎服到常服，遍及社会，已经不再加裲裆（裲裆的形制最初就是铠甲）。概括起来，大口裤是缚裤，小口裤是裤褶。

裤褶在北朝是礼服，有臣子在节日庆典上也穿，但是在南朝裤褶是军便服，不是礼仪之服，因此南方人看不惯北方地区人穿裤褶上朝的做法，加以讥讽。《梁书·陈伯子传》记载："褚缅在魏，魏人欲擢用之，魏元会（皇帝于元旦朝会群臣称元会），（褚）缅戏为诗曰：'帽上着笼冠，袴上着朱衣，不知是今是，不知非昔非。'魏人怒，出为始平太守。日日行打猎，堕马死。"②褚缅到魏本来是受到重用的，但因为讥讽裤褶服在魏国太受推崇，用于元旦庆典，被贬官，此后褚缅以打猎消遣，最后堕马而死。

三、女子也着裤褶

裤褶不只为男子所着，女子也有服之者。《世说新语》云："（晋）武帝降王武子（王济）家，武子供馔，并用琉璃器。婢子百余人，皆绫罗袴襹。"③《北堂书钞》中袴襹作裤褶。南朝的冠服，本以原有的冠服如通天冠、进贤冠等及绛纱袍朱衣，而下身着裙为礼服，而自北族的裤褶服盛行后，男人也采而服

① 沈从文：《中国古代服饰研究》（增订本），第 186-187 页，上海：上海书店出版社，1997 年。
② 〔唐〕姚思廉撰：《梁书》，第 315 页，北京：中华书局，2008 年。
③ 〔南朝·宋〕刘义庆撰，朱碧莲、沈海波译：《世说新语》，第 414 页，北京：中华书局，2016 年。

之，但毕竟在朝会或礼仪中，这样的装束不符合礼仪的严肃感，因此男人就将上身的褶衣，加大了袖管，下身的裤管也加大了。这样才有些像上衣下裳之制，符合汉族的衣冠制度了。①

其次要介绍裤褶。裤褶最初是胡服，用于军旅，不分男女。后来进入中原，为汉民族吸纳，成为社会普遍装束。裤褶实际上分为裤与褶，褶就是款式紧身的上衣，通常样式是交领、窄袖，长不过膝。与裤子配套，称之为裤褶。褶紧身，或者贴身而穿，裤褶之裤，属于有裆裤。不过这时的裤子仍然宽松，为了便于行动，人们用带子从膝盖部位将裤管系紧，不使其松散（形成缚裤）。裤褶的面料视季节而变，春夏季多用罗、绮，秋冬季多用锦、绫，甚至皮革。凡穿裤褶者，一般在腰间束有皮带，贵族则以金银为饰②。

妇女的两当前后两片，遮掩前胸与后背。对于女子遮掩上身很合适。尤其是穿交领或直领的上衣时，领口敞开较大，再贴身着一件两当，既保暖又蔽胸。因此，根据《晋书·五行志》记载，早在晋代就有了穿在交领上衣外面的妇女裲裆（也作两当）衣③。南北朝时期，妇女身着裲裆是很常见的，如《玉台新咏》"新衫绣两当"，梁代王筠《行路难》"两当双心共一抹"。可见妇女裲裆，有贴身穿的，下摆掖在裙内。裲裆还可以做成有夹层的，内絮丝绵以御寒④。

六朝时，时尚之服有裤褶（小口裤）、缚裤（大口裤，并

---

① 周锡保：《中国古代服饰史》，第 131 页，北京：中国戏剧出版社，1986 年。
② 黄强：《中国内衣史》，第 39 页，北京：中国纺织出版社，2008 年。
③ 〔唐〕房玄龄等撰：《晋书》，第 823 页，北京：中华书局，2010 年。
④ 赵超：《中华衣冠五千年》，第 97 页，香港：中华书局（香港）有限公司，1990 年。

进行了扎口）、宽袖衫、大袖衫。宽袖衫、大袖衫与裤褶是两种风格，一放一收，一松一紧。裤褶裤管小口，紧身；大袖衫袖口、衫身，宽大。宽袖衫与大袖衫在袖口大小与衣裳宽大上有区别，从陶俑的对比中可以看出，宽袖衫的袖口较大，宽度为二三十厘米，但是与大袖衫袖口宽度五六十厘米一比，差别很明显。宽袖衫更受普通百姓欢迎，大袖衫则更受贵族或文人喜爱。

图4-10 南朝徒附俑宽袖衫缚裤（陕西历史博物馆藏）

1982年陕西安康长岭乡出土。徒附俑着开领合衽宽袖衫，腰束宽带，缚裤，足蹬靴，戴宽檐毡帽。缚裤是在裤褶的膝盖以下部位系带，徒附俑体现了这点。

图4-11 西晋穿大袖衫男子（摘自《中国历代妇女妆饰》）

河南洛阳晋墓出土陶俑，陶俑戴平帻，着对襟领大袖衫，抚琴。

宽松与紧身，两种不同风格的服饰何以在六朝时并存，并成为一种风尚？因为需要不同，审美情趣不同。裤褶开始用于军事上的侦察、格斗等活动，属于军戎之服；裤褶的流变是先戎服后便服，即由军事上的作训服，演变成人们的日常生活服。因此，本书将裤褶服归入便服一章。战争创造了一种新款服饰，生活又将其实用性、便捷性加以改良，推广，服务于生活。大袖衫属于褒衣博带一类，追求衣服的宽大、舒适，在战争频仍、政权更替、生命脆弱的时代，一旦局势稍微稳定下来，生活仍要继续，讲究安适、享乐又成为人们的追求，大袖衫满足了魏晋时期人们对时尚的审美需求，同时也是对生命价值的升华。

第三节　晋时已有裤

　　中国服饰早期的品种是袍与衫，裤子诞生的时间要晚些。春秋战国赵武灵王"胡服骑射"是汉人改穿胡人的服饰，涉及的裤还是胡服。传说周文王创制裈，裈长至膝，是为胫

图 4-12　北朝穿缚裤的妇女（摘自《中国历代妇女妆饰》）
华北地区出土陶俑。在裤管膝盖处扎上锦带，以免松散，是为缚裤。

图 4-13 魏晋南北朝着裤妇女（摘自《中西服装史》）
上身着褶，下身着裤，裤为有裆裤，宽大。

衣。裈与汉代诞生的犊鼻裤都属内衣品种①，并不是后世穿在外面的裤子。北方少数民族创制的裤褶服，是上下不连属的衣与裳，下面的裳就是裤子。上文已经说到裤褶服来源于北方，后来成为南方汉人的常服。中原汉民族在生活中也创制了裤子，时间在晋代。

裤又作袴、裈。按照杨荫深先生的解释："裤实为裈字之误，字音昆，与裈同。古时袴长而裈短，袴无裆而裈有裆，后世统称为袴，又以裈而讹为裤子。"②

一、汉人有裤始于晋代

干宝《搜神记》认为晋时已有裤，"建康小吏曹著，为庐山使所迎，配以女婉。著形意不安，屡屡求退。婉潸然垂涕，赋诗序别，并赠织成裈衫"③。"织成裈衫"就是用丝绒织成的

---

① 黄强：《中国内衣史》，第 9 页，北京：中国纺织出版社，2008 年。
② 杨荫深：《衣冠服饰》，第 47 页，上海：上海辞书出版社，2014 年。
③ 〔晋〕干宝撰，马银琴译注：《搜神记》，第 85 页，北京：中华书局，2013 年。

裤子衫子。《晋书》《宋书》《南齐书》《梁书》《南史》等史书中也记录了六朝时期的裈、裩（都是裤子），可见中原汉民族在晋时已经有了裤子。如：

郁林王萧昭业，"居常裸袒，著红縠裈杂采袒服"[1]。

南朝大臣周弘正，"年少，未知名，著红裈，锦绞髻，踞门而听，众人蔑之，弗谴也。……（周）弘正绿丝布袴，绣假种，轩昂而至，折标取帛"[2]。

宋顺帝刘准，"常著小袴衫，营署巷陌，无不贯穿……凡诸鄙事，裁衣，作帽，过目则能"[3]。

其他尚有大口裤（缚裤）、小口裤（裤褶服）等。以六朝的社会风尚与审美标准，袍服是正统服饰，裈、裩等裤子仍然上不了大雅之堂，或者被视为不合礼仪的服饰。厅堂之上官员与有身份的人，须以袍服、大袖衫出现，而不能着裤或露裤。而汉代以来，裈、犊鼻裤确实是劳动者所穿。

《世说新语》记载："（范）宣洁行廉约，韩豫章遗绢百匹，不受；减五十匹，复不受。如是减半，遂至一匹，既终不受。韩后与范同载，就车中裂二丈与范（宣）云：人宁可使妇无裤邪？范笑而受之。"[4]此言穷而无裤，亦可见袴较为次要，故穷人外衣不可不穿，裤却是可以省了的。今人则视裤为重要，宁可有裤而无外衣，否则将视为淫邪之流了。另外，古时对于裤的形制亦不甚讲究。梁元帝因愍怀太子曾做碧丝布裤，以为怪，史

---

[1]〔南朝·梁〕萧子显撰：《南齐书》，第73页，北京：中华书局，2007年。

[2]〔唐〕李延寿撰：《南史》，第897-898页，北京：中华书局，2008年。

[3]〔宋〕司马光编著，〔元〕胡三省注：《资治通鉴》，第4265页，北京：中华书局，2011年。

[4]〔南朝·宋〕刘义庆撰，朱碧莲、沈海波译：《世说新语》，第16页，北京：中华书局，2016年。

云：太子"昵狎群下，好著微服。尝入朝，公服中著碧丝布袴，抠衣高，元帝见之大怪，遣尚书周弘正责之"①。于此可知袴是不怎样讲究的，故元帝有此怪责。

二、南朝露裈非礼

汉晋时期汉族服饰主流承袭先秦旧制，上衣下裳。无论男子或者妇女，一般都是上穿衣，下着裳。

那时的袴，都是开裆套裤（非今日之满裆裤），作用是给腿保暖，一般是冬天穿，并且即使穿了"袴"，外面也还是要罩上裙的。那时的满裆裤叫作"裈"，是贴身的内裤，其外仍须穿裙。不着裙而露裈，则被视为非礼。《宋书·长沙王道怜传》载：刘宋宗室、建陵县侯刘袭，官任郢州刺史（所在地相当于今天的武汉），天热气温高，如同"火炉"，他热得受不了，"暑月露裈上听事"②。就是在衙门办公穿贴身短裤。这自然是不登大雅之堂的事，虽然天高皇帝远，一州之内数他官最大，不会因此丢官，但毕竟是非礼之事，结果让史学家沈约给记下来了，并且评之为"庸鄙"。

如果是京官，做这样的事，那就有麻烦了。《南史·周弘正传》载：南朝梁左户尚书周弘正，为人一贯放达不拘小节，"夏月著犊鼻裈，衣朱衣，为有司所弹"③。周尚书上身着红色官服，下身则穿的短裤（犊鼻裈），这样的搭配不合规制，结果这位尚书老爷被弹劾。

至于家境贫寒之人，无力置"裈"，也就只好外着裙而内

---

① 〔唐〕李延寿撰：《南史》，第1346页，北京：中华书局，2008年。
② 〔南朝·梁〕沈约撰：《宋书》，第1467页，北京：中华书局，2006年。
③ 〔唐〕李延寿撰：《南史》，第899页，北京：中华书局，2008年。

不穿"裈"（即裙内是光屁股）。但是这极易"发露丑秽"（露丑），为人所耻笑的。《南史·吉士瞻传》记载："士瞻少时尝于南蛮府中掷博（当时一种赌博游戏），无裈褰露，为侪辈所侮。及平鲁休烈军，得绢三万匹，乃作百裈，其外并赐军士，不以入室。"① 掀起裙子，露出没穿裤的臀部，出丑了，受到赌客的嘲笑。等到立了战功，得到赏赐，吉士瞻用赏赐的绢，做了一百条裤子，赏赐给士兵。

第四节 男子流行着女服薄衫穿裙

受时尚潮流影响，魏晋六朝时期男人竞相以穿女服为时尚。《宋书·五行志》载："魏尚书何晏，好服女人之衣。傅玄云：'此服妖也。'夫衣裳之制，所以定上下，殊内外也。"②《北齐书·元韶传》称文宣帝高洋"剃（元）韶须髯，加以粉黛，衣妇人服以自随，曰：'我以彭城为嫔御。'讥元氏微弱，比之妇人"③。至南朝梁、陈时，一些男子由于常沉湎于女色，居然"熏衣剃面，傅粉施朱"，渐渐女性化，以美男子着妇人妆自居。同时娈童之风盛行，一般豪富之家，俱以蓄养娈童为乐事④。这是一种变态的时尚病，男人穿女服也被时人斥为妖服。

六朝崇尚薄衫，一是衫子的性质决定，衫子贴身而穿，原本就属于内衣，因此必须用轻薄的面料；二是由纺织面料决定，衫子多采用罗、纱制作，六朝的丝织业较之两汉又有进步。两

① 〔唐〕李延寿撰：《南史》，第1363页，北京：中华书局，2008年。
② 〔南朝·梁〕沈约撰：《宋书》，第886页，北京：中华书局，2006年。
③ 〔唐〕李百药撰：《北齐书》，第388页，北京：中华书局，2008年。
④ 知缘村：《闻香识玉：中国古代闺房脂粉文化演变》，第301页，上海：上海三联书店，2008年。

汉时期就有了轻纱、绉縠、冰纨等平素织物。"在君王座前翩翩起舞的宫女，往往都身披轻纱或绉縠，因其轻盈飞扬，或者薄而透明，甚至在七层纱衣下，都能看清皮肤上的痣。汉代的纱，经纬丝都加纺捻，以平纹交织，空隙大，当时称为'方空'或'方目纱'。如果纱极轻且表面起皱明显，则为绉縠。"[1] 六朝所处的时代，正是北方丝织业向南方转移之时，南朝制造的罗纱之薄，犹如烟雾。六朝服饰风格崇尚褒衣博带，宽大的衫子，衣服飘飘，随风而起，衣裾飘逸，如果是厚重的面料，那就无法体现出来。从六朝时期的佛造像服饰也可以印证，佛像所着衫裙轻纱垂拂，面料轻薄。

裙子是女性的服饰，这是我们现在的情况，古代中国，裙子却并非女性的专利，男人也可以穿裙子。这种情况就像六朝的心衣（类似吊带衫的一种内衣），宋代的抹胸。南朝时的男人也穿心衣，最典型的就是《北齐校书图》图画中的那些大老爷们，夏季一个个穿的都是袒露胸部的心衣，而宋代男子穿的抹胸，与如今女子的胸罩颇为相似[2]。

六朝时中原的男子亦穿裙子。裙子曾是南朝男子的主要服饰之一。书法家羊欣任乌程县令时，"（王）献之尝夏月入（乌程）县，（羊）欣著新绢裙昼寝（午睡），（王）献之书裙数幅而去"[3]。王献之在羊欣的丝绸裙子上写了几幅字，羊欣原本擅长书法，此后书法进步很快。艺术家在男子新裙上写字，也是文人雅趣，新裙与书法相得益彰。

---

[1] 袁宣萍、赵丰：《中国丝绸文化史》，第57页，济南：山东美术出版社，2009年。

[2] 黄强：《中国内衣史》，第43页，北京：中国纺织出版社，2008年。

[3] 〔南朝·梁〕沈约撰：《宋书》，第1661页，北京：中华书局，2006年。

图 4-14　南朝大袖衣袴褶（摘自《中国古代服饰研究》。黄沐天设色）
宋人摹本，传说为顾恺之原作，沈从文先生考证应当为六朝齐梁之际画家作品。用嵇康作琴故事，图中策杖高士，戴小冠，着大袖衫，衣裳宽博，脚蹬高齿履。

图 4-15　仇英绘《右军书扇图》局部
王羲之（303－361），字逸少，曾任会稽内史，领右将军，因此也称王右军。仇英笔下的王羲之着大袖衫，潇洒飘逸。与宽衫一比较，大袖衫的袖口是真的大，宽袖反而成了窄袖。

但是在北方，由于胡服流行和影响，男人的常服乃是长帽、短靴、合袴、袄子，服饰的主流是上衣下裤，裙已经不是男人的主要服饰了。这就形成了服饰的"南北对峙"局面。"及隋统一天下，李唐继之，皆继承北朝服饰的传统，并逐渐从北方推向南方，推向全国，到了这个时候，中国古代传统的格局乃为之大变，'南北对峙'局面打破了，传统的上衣下裳制日渐衰落，而上衣下裤制逐渐在全国占据了统治地位。这个演变过程发端于十六国时期，兴盛于北朝时期，而大局粗定于隋唐之时。"①

---

① 吕一飞：《胡服习俗与隋唐风韵——魏晋北朝北方少数民族社会风俗及其对隋唐的影响》，第43-44页，北京：书目文献出版社，1994年。

第五章　纤腰广袖曳长裙

——六朝的女性服饰

六朝时期社会风气开放，竹林七贤等名士"越名教而任自然"，而社会潮流重名士，崇尚自由，名士的风度、气质、才华被强化，而淡化了物质。名士儒雅，名士风流，自然受到女性的追捧，名士也拥有大量的女性粉丝。在名士受追捧的六朝，妇女空前解放，其行为放荡不羁①。六朝不仅有歌咏出"未若柳絮因风起"的才女谢道韫，表达爱慕之情的袁宏妻李氏，也有敢于择夫而嫁的刺史徐邈女儿。

晋代刺史徐邈的女儿到了出嫁年龄，她向父亲表达了自己挑选夫君的愿望。某天，徐邈邀部属来家议事，徐邈的女儿从内堂偷看父亲的佐使，选中了"疏通亮达"的名士王濬（字士治），成就了一桩姻缘。爱慕钱财，贪图富贵，在六朝难登大雅之堂。女方选夫婿，不要钱财却重才情。

嵇康以他的才情、性情、才艺，拥有众多粉丝。他被杀之时，一曲广陵成绝唱，令人扼腕叹息。袁宏妻子李氏写了篇《吊嵇中散文》，追念大名士嵇康的高范，寄托了自己的一往情深："故彼嵇中散之为人，可谓命世之杰矣！观其德行奇伟，风韵劭邈，有似明月之映幽夜，清风之过松林也。……慨达人之获机，悼高范之莫全，凌清风似以三叹，抚兹子而怅焉！"李氏丝毫不掩饰她对嵇康的仰慕，如此赤裸裸向异性表白的文字，堂而皇之地公之于众。可见，六朝女性真的是敢爱敢恨，无所顾忌，我行我素，这只有在思想解放的魏晋才做得出来。

六朝的女性在社会上受约束少，她们积极探寻人生意义，在服装上标新立异，风韵独标，创造了服饰的新品种。

① 陈书良：《六朝如梦鸟空啼》，第28页，长沙：岳麓书社，2000年。

第一节 妇女服饰上俭下丰

魏晋南北朝妇女服饰多承汉制，一般妇女日常所服，主要为衫、袄、襦、裙、深衣等。由于南北民族的融合，这一时期的妇女服装也吸纳了北方民族服饰的特点，裤褶服、裲裆衫就是典型的两例。

此时，传统的深衣制已不被男子采用，但在妇女中间却仍有人穿着。这种由秦汉深衣发展来的服装，魏晋南北朝时期不再称深衣，而称为袿衣，又称杂裾、华袿，与汉代曲裾相比，已有较大的差异，变化主要在衣裾。"这种衣裾大多采用交输法裁制成三角，上广下狭，形同刀圭。"① 比较典型的，是在服装上饰以纤髾。所谓"纤"，是指一种固定在衣服下摆部位的饰物。通常以丝织物制成，其特点是上宽下尖形如三角，并层层相叠。所谓"髾"，指的是从围裳中伸出来的飘带。飘带又称假饰，即附着于衣上的长带，由于飘带较长，走起路来，飘在身后，如燕飞舞，有视觉美感，因此受到爱美的贵族女性的推崇。南朝梁代沈约《会圃临春风》诗云："开燕裾，吹赵带。赵带飞参差，燕裾合且离。"这样层层叠叠长长飘带舞动的袿衣，美得惊艳，夺人眼球，是一种礼服，但是并不是祭祀用的礼服。袿衣尽管造型上非常夸张，却并不具有普及性，即使用并不广泛，而是特定人群在特定场合下的特殊服饰。《宋书·江夏文献王义恭传》有云："舞伎正冬著袿衣，不得装面蔽花。"②《南史·江

---

① 高春明：《中国服饰名物考》，第 526 页，上海：上海文化出版社，2001 年。

② 〔南朝·梁〕沈约撰：《宋书》，第 1648 页，北京：中华书局，2006 年。

图 5-1 《列女传》中穿杂裾的垂臂妇女（摘自《中国历代服饰》）

衣裳上下连属，上广下狭，互相交叠，绕体一周，宛如燕尾。衣饰垂于下摆，造型别致，走动时衣饰、衣裾飘动，有飘逸之感。女服与男子的大袖衫，都呈现魏晋六朝时期褒衣博带的特点。

图 5-2 顾恺之《列女仁智图卷》（北宋摹本，北京故宫博物院藏）

绢本淡设色。此图内容为汉代刘向《古列女传》第三卷《仁智传》中的人物故事。画法上用线较为粗健，衣褶部分亦有晕染。

夏文献王义恭传》："舞伎正冬著袿衣，不得庄面。"①

六朝时期的女性一般上身穿衫、襦，下身穿裙子，款式多上俭下丰，裙子曳地，下摆宽松，以达到俊俏潇洒的美学效果②。如此一来就与袿衣"上广下狭"的风格发生了逆转，原先上衣广、下裳狭，现在来了个颠倒，上身衣窄小，下身裙则宽大。

贵族妇女的服装虽然还有长裙曳地、宽衣广袖，但是已经渐渐减少，代之以交领长裙或上衣下裙分装。裙外腰间加有带若干飘带的斜角形、三角形围腰。此时的襦衫以瘦小紧身为尚，衣袖宽窄不一。裙长盖于脚面。裙是以上俭下丰的斜片布料拼合而成，裙摆较为宽大。③《晋书·五行志》记载："孙休后，衣服之制上长下短，又积领五六而裳居一二。干宝曰：'上饶奢，下俭逼，上有余下不足之妖也。'至孙皓，果奢暴恣情于上，而百姓彫困于下，卒以亡国，是其应也。武帝泰始初，衣服上俭下丰，着衣者皆厌腰。"④ 在江苏南京石子岗、幕府山等地出土的六朝侍女陶俑中，可以看到这种服饰的风格。

六朝的女性服饰则以衫、襦、裙为主。衫子的形制是无袖端，敞口。衫有单层与夹层之分，不论婚丧均常用白色薄质丝绸制作。沈约《少年新婚中咏》诗云："裙开见玉趾，衫薄映凝肤。"衫子薄透才能见到衫子下面的肌肤，她们所要追求的就是肌肤若隐若现的效果。衫子的其他特点是衣袖宽大，对襟。

襦是一种及于膝上的短外衣。其特点为：对襟，束腰，衣

① 〔唐〕李延寿撰：《南史》，第372页，北京：中华书局，2008年。
② 黄能馥、陈娟娟编著：《中国服装史》，第132页，北京：中国旅游出版社，1995年。
③ 郑婕：《图说中国传统服饰》，第80-81页，西安：世界图书出版公司，2008年。
④ 〔唐〕房玄龄等撰：《晋书》，第823页，北京：中华书局，2010年。

图 5-3　西晋穿交领大袖袍妇女

河南洛阳西晋墓出土。交领与大袍袖是魏晋时期主要服饰，褒衣博带虽然指男性的多，实则也包含女性服饰。魏晋男性服五石散，导致身体发热，皮肤溃烂，需要穿宽大袍服、衫子，形成社会上褒衣博带的风尚。服饰时尚同样对女性有很大影响，《洛神赋图》《女史箴图》《列女传》所绘女性服饰都体现了这样的风尚。

袖宽大，并在袖口、衣襟、下摆缀有不同色的缘饰，下着条纹间色裙，腰间用一块帛带系扎。当时妇女的下裳，除间色裙外，还有其他裙式。《说文·衣部》："襦，短衣也。"颜师古注曰："长衣曰袍，下至足跗。短衣曰襦，自膝以上。一曰，短而施要者襦。"[1]襦分为长襦、短襦，长者不过膝下，短者仅及腰间。襦中絮棉，称为复襦。襦中无棉絮，称为单襦。襦在汉代，不分男女，均可着。东汉后则主要是女性所用，男子不再着襦。襦有织成襦、罗绣襦、紫绮襦、紫罗襦等。晋人《东宫旧事》记载："太子纳妃，有紫縠襦、绛纱襦、绣縠襦。"晋人《采桑度》云："春风扶桑时，林下与欢俱。养蚕不满百，那得罗绣襦。"襦裙有两种穿法："一种是裙子穿内，即上襦覆盖下裙，腰部系带，有的甚至束及胸部；另一种是裙子外穿，即上襦束于下裙子外。"[2]晋代傅玄《艳歌行》有云：

① 郭必恒等：《中国民俗史·汉魏卷》，第85页，北京：人民出版社，2008年。
② 徐晓慧：《六朝服饰研究》，第79页，济南：山东人民出版社，2014年。

"白素为下裙，月霞为上襦。"

　　裙在六朝最为流行，有绛纱复裙、丹碧纱纹双裙、紫碧纱纹双裙、丹纱杯文罗裙等多种 ①，最普及的是襦裙。《释名·释衣裳》云："裙，下裳也。"又说："裙，群也，联接群幅也。"六朝女性通常上身穿襦，下身配以长裙，因此有"上襦下裙"的说法。这个襦是短襦，当襦与裙结合起来后，上下连属，就成了襦裙。裙的服色有绛、红、碧、紫等多色，品种则有复裙、双裙、罗裙，质料、颜色、款式各不相同，制作亦十分精致。

　　六朝时期产生了一种很流行的服装式样——半袖。这是一种比较短的直领对襟罩衣，袖子很短，只有肩下面短短一截。古代服装，并非都是长袖，也有短袖。《释名·释衣裳》说："半袖，其袂半襦而施袖也。"因袖长仅为长袖之一半，故称半袖。《晋书·五行志上》记载："魏明帝著绣帽，披缥纨半袖。" ②魏明帝穿半袖，大概是觉得半袖方便。确实，层层叠叠、多层缠绕的礼服，穿戴繁琐，行动不便。如果赶在盛夏酷暑，那可是够闷够累的。半袖在六朝并不分男女，男子有穿半袖的风尚，女子也穿半袖，并且结伴而行，招摇过市。河南邓州出土的彩色画像砖记录了女性这种穿着习俗。图中两位贵妇出游，身后跟着两位侍女，贵妇上衣宽松，飘带扬扬，外面套了一件半袖，袖长一半，腰间束着宽带子，下穿长裙，裙裾随风飘动，脚蹬高履。侍女也着半袖。实物印证了南朝女子是喜欢穿半袖的，因为不分贵贱，又因为可以展示女性飘逸之美。隋唐以后，半袖演变为半臂，男女通穿，亦颇为流行。

---

① 周汛、高春明：《中国历代服饰》，第 97 页，上海：学林出版社，1994 年。
② 〔唐〕房玄龄等撰：《晋书》，第 822 页，北京：中华书局，2010 年。

第二节　连衣裙的出现

对于连衣裙这种服饰，很多人认为是20世纪50年代的产物，因为当时中国与苏联关系和睦，苏联的布拉吉（一种苏式连衣裙）进入中国，成为新中国成立之后中国女性中最为流行的一种服饰。布拉吉来源于何处，笔者没有考证过。笔者所要说的是，连衣裙并非从苏联传入中国的，早在一千几百前的六朝，在中原女性中就有了连衣裙。

上一节说到六朝裙子的繁荣，女性推崇各种款式、颜色的裙子，自然包括长裙（类似后世的连衣裙）。裙子在南朝的繁荣，有其物质基础和审美倾向。魏晋南北朝时期是中国民族大迁徙时期，南北文化交流促使原先集中在黄河中下游和四川成都平原的丝织业向南方转移。东吴时，社会的中上层人士衣丝之风盛行，吴主孙权夫人赵氏就是一个丝织高手，她"善画，巧妙无双，能于指间以彩丝织云霞龙蛇之锦，大则盈尺，小则方寸，宫中谓之'机绝'"，又"能织为罗縠，累月而成，裁为幔，内外视之，飘飘如烟气轻动，而房内直凉"[1]。赵夫人手艺确实了得，不仅图案绘制得精美，而且罗縠织得轻薄，恍若烟雾，精美绝伦。孙权皇后潘夫人未进宫前，父亲犯罪受牵连，进入宫中负责丝帛礼服织造机构织室，也是一位曾经从事丝织业的人士。楚王好细腰，宫中多饿死。上有喜好，下必效之。孙权喜欢两位善于织造的夫人，爱屋及乌，也喜好丝绸织物，官宦富人自然也纷纷喜好，追捧丝织品，以致东吴赏赐用丝织品，

---

[1]　〔晋〕王嘉撰，王兴芬译注：《拾遗记》，第289、291页，北京：中华书局，2019年。

军需也大量使用丝织品，
所需数量巨大。

东吴以降，"东晋和
宋齐梁陈四代定都建康，
江南成为京畿重地，东晋
到梁侯景之乱前的二百余
年间，江南地区很少战乱
影响，统治者大力提倡农
桑，实行征绢征绵的户调
制度，客观上推动着民间
丝织业的发展，江南丝绸
生产进入了新时期"①。
六朝不仅东吴军需使用丝
织品，东晋、宋、齐、梁、
陈军需物资也都少不了丝
织品，而且数量巨大。民

图 5-4　南朝穿长裙的女俑
江苏南京石子岗南朝墓出土。上身穿交
领短衫，窄袖，下身长裙。双手抱胸前，
梳十字大髻。

间丝绸生产与交易也很繁荣。刘宋大明年间（457-464），"斋
库上绢，年调巨万匹，绵亦称此。期限严峻，民间买绢一匹，
至二三千，绵一两亦三四百"②。

和平少战乱，生活安逸，加之丝织业兴盛，物质条件的富裕，
刺激着人们追求享乐与审美，南迁的门阀贵族及其弟子，禁不
住江南秀美风光以及风情艳丽民俗的诱惑，意志消沉，尽情沉
湎于犬马声色，这种思想潮流表现在对服饰、妆饰华丽新奇倾

---

① 范金民：《衣被天下——明清江南丝绸史研究》，第 22 页，南京：江
苏人民出版社，2016 年。
② 〔南朝·梁〕沈约撰：《宋书》，第 2104 页，北京：中华书局，2006 年。

图 5-5　穿红色广袖短襦长裙妇女（英国伦敦不列颠博物馆藏）
顾恺之《女史箴图》局部。全卷长 348.2 厘米，高 24.8 厘米，绢本设色。
顾恺之的绘画为西晋张华《女史箴》一文所作。图中所绘两贵族女性席
地而坐，一握镜自照，一面对镜台，由宫女梳理头发。宫女着红色短襦，
宽袖，绿色长裙（绘画已褪色，绿色不容易看出来）。

向的追求上。衣裙可以极好地勾勒出女性的婀娜身姿，于是女
性的裙子繁荣起来。从审美角度考量，曳地长裙可以从视觉上
提高腿的长度与身材的高度，造成挺拔、修长的效果，更美
更靓，于是女性的裙子逐渐加长，以裙长掩盖身高的不足，并
美化身材。

　　顾恺之《女史箴图》中，所绘女子的长裙与汉代壁画女裙
相比，长度有明显的增加。裙裾垂在地面上，拖曳很长，裙子
的上端提高束在腰部以上，宽度也有所增加。裙幅加大，使得
裙腰要做出多重细折裥，甚至有些裙子的整个裙幅上都缝成

图 5-6 六朝宽袖对襟
女衫裙展示图（摘自
《中国历代服饰》）
宽袖是前端呈喇叭状，
后端收紧。大袖口同
样形成飘逸的效果。
长裙上端被衫子掩住，
系带在胸乳处，不仅
用于系住长裙，还有
装饰的作用。

折裥，显得裙子上细下宽，呈现明显的喇叭形。与之相配的
女上衣也逐渐变短，袖子上半部变得又细又窄，上衣也更加
贴身[1]。

　　南朝的女装分为襦裙与长裙两大类，虽然都有裙的部分，
但是两者有区别。襦裙与长裙各成体系。襦裙是上下分属，上
面是襦，下面是裙；长裙是上下连属，成为一体，类似如今的
连衣裙。两者在样式、裁剪、穿着方面都不同。穿着上长裙也
可配短袄，襦与短袄紧贴身体，凸显穿着者的身体；衣袖变窄，
只在手臂前端变宽，形成一个倒喇叭状，这与民国时期的倒大
袖旗袍有些相似。紧身短袄的领口又有变化，一改秦汉以来深
衣掩映的风格，由掩襟改为对襟直领，脖子显露，而且胸部的

---

① 赵超：《霓裳羽衣——古代服饰文化》，第 117-118 页，南京：江苏古
　　籍出版社，2002 年。

图 5-7　魏晋大袖衫间色裙贵妇与侍从（摘自《中国历代服饰》）
取自敦煌莫高窟 288 窟壁画。服饰特点对襟、束腰、衣袖宽大，袖口缀
有一块不同颜色的贴袖。下着间色裙，即邻近条块由不同颜色组成。

上端也显露出来。周汛、高春明先生认为，六朝袄的形制没有
定式，"有的用宽袖，有的用窄袖；有的用对襟，有的用大襟；
有的下长至胯，有的长及膝。而下身一般仍穿长裙，襦腰则被
袄掩住"①。

南京西善桥六朝墓出土的陶俑，鸦鬓高髻，着交领宽袖连
衣裙。东晋时期的女子也有戴巾的。南京石子岗出土的东晋女俑，
发上加巾子，穿长方领窄袖束腰连衣裙。

---

① 周汛、高春明：《中国历代妇女妆饰》，第 219 页，上海学林出版社、
三联书店（香港）有限公司，1988 年。

第三节　穿超轻薄衫成一时风气

南朝女装上衣变得紧身贴体，对襟直领，露出比较多的脖颈胸脯，衣袖细窄，到小臂处才变宽大。穿超轻薄衫的罗纱衣料成为一时风气，梁代诗人沈约《少年新婚中咏》中"裙开见玉趾，衫薄映凝肤"，说的就是这种薄衫。

为了适应南方湿热的气候，南朝大量采用轻软细薄的罗纱等精细丝织品作为衣料。在宫廷贵妇中间，穿着轻薄衣料的风气盛极一时，其目的在于追求那种使身体肌肤若隐若现的效果。

《东宫旧事》载：东晋太子纳妃时，妃子所着衣装有白縠白纱裙。《晋宋旧事》曰：崇进皇太后为太皇太后，有绛碧绢双裙、绛绢襦裙、缃绛纱复裙、白绢裙。縠是一种匀细、轻薄的高级丝织物。纱是薄得近乎透明的丝织品。梁武帝诗"衫轻见跳脱"，跳脱就是妇女手臂上的手镯子，透过衣裳可以看见镯子，衣裳是多么透明自然不言而喻。

轻薄的衣服，加上紧凑贴身的新式样，可以充分体现女子体貌的动人之处。这种衣服的流行，反映了魏晋以来，由于社会动荡而造成的传统儒学礼教观念的大崩溃。女装的改变，迎合了这种社会思潮。

魏晋南北朝妇女服饰多承汉制，一般妇女日常所服，主要为衫、袄、襦、裙、深衣等。具体款式除大襟外还有对襟。领与袖施彩绣，腰间系一围裳或抱腰，亦称腰采，外束丝带。妇女服饰风格，有窄瘦与宽博之别。

由于南朝妇女衣装过于轻薄，女子就将多层衣裳组合起来穿，出现了一种新的衣物——抱腰。抱腰外形像极短的短裙，穿时围在腰间，用丝带系住。据文献记载，抱腰是一条绸带，

图 5-8　南朝捧奁侍女画像砖
（常州博物馆藏）

长 32.2 厘米，宽 16.5 厘米，厚
3.8 厘米。侍女上身着开领宽袖
短衫，露臂，袖口系两细带，
衣外似穿着围腰或束腰。下面
长裙曳地，足蹬宽高云头履。

图 5-9　南朝托博山炉侍女画像砖
（常州博物馆藏）

单块长方形砖，长 32.2 厘米，宽
16.5 厘米，厚 3.8 厘米。上身穿开
领宽袖短衫，下着长裙，足蹬高云
头履。胸部有围腰或束腰。左手托
博山炉，炉顶立小朱雀。

图 5-10　南朝彩绘横髻女
坐俑（陕西历史博物馆藏）

1982 年陕西安康长岭乡红
光村出土，高 11.5 厘米。
女俑上身穿开领合衽宽袖
襦，下身着曳地长裙。

上下都缝有带子，穿时将它包裹在腹部系紧，有些像现代妇女的腹带。

第四节　时世装袴褶

一个时代有一个时代的审美倾向，一个时代有一个时代的流行服饰。六朝作为一个思想开放、突出个性、表现自我、崇尚自由的时代，也不例外。女性服饰中流行着一种服饰——袴褶，风靡一时，号称"时世装"。

《世说新语》中记载，晋武帝司马炎临幸王济家，见其家中"婢子百余人，皆绫罗袴褶，以手擎饮食"[1]。《南史·王裕之传》也有记载：王裕之"左右尝使二老妇女，戴五条辫，著青纹袴褶，饰以朱粉"[2]。这两段记录说的是贵族家中的婢女、老妈等用人穿着一种以绫罗

图 5-11　魏晋时世装（摘自《中国历代服饰泥塑》）

着杂裾垂髾的贵族妇女服饰形象，所谓"髾"，指的是从围裳中伸出来的飘带。

---

① 〔南朝·宋〕刘义庆撰，朱碧莲、沈海波译：《世说新语》，第414页，北京：中华书局，2016年。

② 〔唐〕李延寿撰：《南史》，第650页，北京：中华书局，2008年。

图5-12　南朝穿袴裲侍女画像砖
江苏常州戚家村六朝墓出土。画像砖中腿形部位有明显的线条，表明是裤管，即所穿为袴裲（裙裤），交领衫子、宽袖，足穿高云头履。

为材料、绣有纹饰的袴裲。袴裲是什么？孟晖女士认为所谓袴裲就是裤裙，是穿在外面的套裤。刘孝标注，"裲"又写作"摆"，《方言》第四："裙，陈魏之间谓之帔，自关而东或谓之摆。"

这即是说，裙也被呼作摆，摆就是裙。如果"裲"与"摆"互通，而"摆"字作"裙"解，那么袴裲就是裙裤之意了。

袴裲是一种宽松、上下连属的裤与裙。袴裲在六朝出现，有其地理因素、自然环境、文化背景。六朝疆域主要在长江、淮河流域以南的江东地区，包括现在的江苏、浙江、湖北等地，六朝的都城设在南京（东吴称建业，东晋称建康）。一方水土养一方人，江南气候潮湿，南京周边环山，只有一个缺口朝向长江，夏季高温仿佛一个锅盖罩在南京城上，热散不出，因此南京夏季闷热，被称为长江沿岸三大火炉之一。气压低，气候闷热，一动就出汗，贴身紧密的衣裳就不合适、不舒服，于是人们偏好穿着宽松、轻凉、透气的衣服，利于身体散热，肌肤不湿黏。这是其一。

汉末战乱，东吴在江东建立政权，与曹魏、蜀汉三足鼎立，确定了南京的帝都地位。八王之乱后，西晋元气大伤，内迁的诸民族乘机举兵，造成"五胡乱华"局面。中国北方进入了最多十几个国家并存、被称作"五胡十六国"的大分裂时代。永嘉五年（311），匈奴建立的前赵政权，在六月攻陷了洛阳，抓获晋怀帝，史称永嘉之乱，此时西晋已经名存实亡。到公元317 年，晋愍帝被害，西晋王朝彻底灭亡。西晋皇族、官宦、士人南渡，司马睿在建康建立东晋政权，到了宋齐梁陈四个朝代，与北方政权对峙，南方称南朝，北方称北朝。在中原被少数民族占领，汉民族生死存亡之际，南京成为汉民族的复兴之地，汉民族选择南京休养生息，立志北伐，尽管东晋、萧梁、刘宋三次北伐功败垂成，但是收复北方失地的愿望一直存在。在南北文化交流以及北伐活动中，汉衣冠是汉民族的一个象征，是民族凝聚力的体现。袴褶是汉民族服饰的一个表现，这是其二。

六朝从东晋到梁朝侯景之乱的二百年间，社会相对稳定，生活安逸，人们追求美、崇尚美，在服饰、发式、妆饰方面多有创造，加上南北民族大迁徙，文化交流，服饰相互影响，南朝的服装样式也发生了很大变化，这是其三。

六朝服饰崇尚褒衣博带，以衣裳的宽大、裙子摆长、发髻高耸为美，贵族、文人宽衫或大袖衫，衣袂飘飘。"南朝的裤褶，

图5-13 南朝穿袴裆的侍女

江苏南京砂石山南朝墓出土陶俑。在裙子外面再套裤，又称裙裤。从陶俑的形制分析，两腿之间是两个裤管，而不是裙子。

衣袖和裤管都更宽大，即广袖褶衣、大口裤"[1]，因此出现大袖衫、袿衣、长裙、大口裤、广袖、裤褶服等服饰品种。贵族、大户府上的丫鬟婢女也有专门着装，交领、宽衫，或圆领衫，下着上窄下敞的袴裆，亦即上俭下丰风格。侍女下着高头履，裙的下摆长，覆盖过脚面。附带说一句，笔者认为六朝女服与清末、民国女装有一些相似处：六朝女性的高髻与旗人的牟拉翅，六朝的高云履与旗人的花盆底鞋，六朝袴裆下摆垂过脚面与民国扫地旗袍下摆拖地。

受胡服影响，六朝服饰也有短窄的趋向，短襦、窄袖、小口裤（缚裤）等。《女史箴图》中侍女着红色短襦、宽袖（大袖、

---

① 黄能馥、陈娟娟：《中国服饰史》，第201页，上海：上海人民出版社，2018年。

图 5-14 魏晋盛装的妇女（摘自《中国古代服饰研究》。黄沐天设色）
辽宁辽阳三道壕古墓壁画。左侧坐者为穿绣纹衣、着巾帼盛装的魏晋时期贵族妇女。

广袖），如辛延年《羽林郎》所云："胡姬年十五，春日独当垆。长裾连理带，广袖合欢襦。"又有南朝梁吴均《与柳恽相赠答》："纤腰曳广袖，半额画长蛾。"而南京幕府山东晋墓出土的女俑则上身着窄袖短袄，下身穿长裙。南朝梁代庾肩吾《南苑还看人》诗云"细腰宜窄衣，长衩巧挟鬓"，说的是窄袖衣。

　　士为知己者死，女为悦己者容。六朝女性追求服饰之美，创造服饰辉煌，固然有彰显个性、陶醉美感的因素，也有"为悦己者容"的激情与豪迈。六朝男性率性而动，不拘礼节，放浪形骸，六朝女性又何尝不是敢作敢为敢爱的主？广袖舞翩翩，纤腰更娉婷，薄透时尚美，裙长身姿秀。

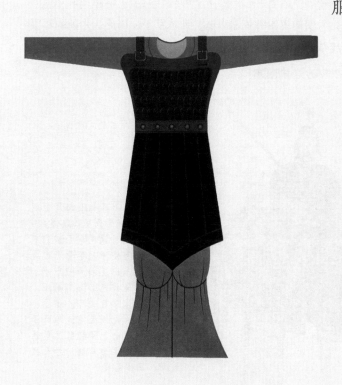

第六章　朔气寒光照铁衣

——六朝的军服

六朝所对应的三国、魏晋、南北朝时期，战争频仍，政权更替频繁。因为战乱，百姓流离失所，客观上使得南北方文化交流频繁，互相影响。按照史书上的说法，这是一个民族大融合时期。北方的服饰影响着南方，尤其是经过北魏孝文帝的改革，以汉服取代胡服，原本是鲜卑少数民族的北魏完成了汉化的改革，其官职、文化都与汉民族相同。同样，北方少数民族的服饰也影响着南方的汉族，来自于游牧民族的褶裤，先是成为军戎之服，后来推广到社会，成为男女共用的服饰款式。

六朝政权更替频繁，战事也不断。权力的更替依靠军队，对外战争也需要强大的军队做保障。政权更替的主谋无一例外都是手中拥有兵权的将领，手中的兵权、兵丁就是他们夺权的法宝。六朝的统治者依靠军队，训练军士，因此，六朝的军服因为战争的需要，因为南北民族的交融，发生了变化，尤其是用于战斗的铠甲的制作。

图6-1 魏晋军戎服饰复原图（摘自《中国古代军戎服饰》）魏晋南北朝时期两种戎服，不带铠甲与穿铠甲。尽管古代战争很惨烈，但是因为铠甲重，步兵、轻骑兵未必都有铠甲，或者说也未必穿铠甲。侦察、近身搏击，铠甲太重，不利于行动，这才有了裤褶服。重装骑兵，作为主力军团，才人披铠甲，马披具装。

第一节　袍子与裤褶服

六朝时期的军戎之服主要是袍、裤褶服和裲裆。

袍子长至膝下，宽袖。褶短至两胯，紧身小袖。袍、褶一般都是交直领，右衽。但是也有盘圆领的。裤则为大口裤，东晋的与西晋的相比裤脚更大，很像今天的女裙裤。《晋书·五行志》记载："武帝奉始初，衣服上俭下丰，著衣者皆厌腰。"[1]

襦袍一般穿在铠甲里面，也可直接罩在铠甲外面。衣长至膝，圆立领，衣襟在领右侧垂直向下，穿长衣袖，单、棉都有。棉的袖长盖绶，这是北方民族服饰的特点，作用是保护手。袍袄是指战袄和战袍，着装时足着靴，腰束皮带。这种军装使用时需要与裲裆配合。

戎服裤基本沿袭东晋样式，一般都是大口裤，裤脚在膝下用带扎住，成为"缚裤"，"缚裤不舒散也"，有时也用行缠。还有直筒裤。袍和裤褶服属于军服中的轻便装，即用于平时训练（作训服）以及侦察、偷袭等小范围、小规模的活动，因为襦袍、裤褶服以棉服制作，质地柔软，轻便贴身，秘密行动时，服装与人体摩擦声音小，不易被发现。若是短兵相接，近身格斗，穿着者身体灵活，利于操作。袍服因为没有坚硬的金属片护体，不适合大规模作战。

《南史》中说到齐废帝东昏侯，多处有"戎服"一词，如废帝东昏侯"帝戎服临视"[2]，"戎服急装缚裤，上著绛衫，以为常服，不变寒暑"[3]。这里未言明是何种戎服，是裲裆甲还是

---

① 〔唐〕房玄龄等撰：《晋书》，第 823 页，北京：中华书局，2010 年。
② 〔唐〕李延寿撰：《南史》，第 149 页，北京：中华书局，2008 年。
③ 同上书，第 151 页。

图 6-2　魏晋裤褶展示图（摘自《中国历代服饰》）

裤褶来自北朝，裤管窄，轻便，传到南朝，立即受到欢迎。生活中可作轻便装，军事中可作夜行服。

图 6-3　东晋持盾武士俑（摘自《中国古兵器集成》）

步兵持盾，不着铠甲。铠甲一是分量重，二是数量少，主要提供给重装骑兵，以及将校，士卒非骑兵、卫士，一般都不配备。金属盾牌也较重，假如穿铠甲持盾牌再拿武器，行军就艰难了。两军厮杀也没体力和灵活性。

裤褶？考虑到裤褶的轻便，东昏侯又无需上阵搏杀，笔者倾向于指裤褶。类似不说明何种戎服的记载，还有西昌侯萧鸾"率兵自尚书省入云龙门，戎服加朱衣于上"[①]。提及率兵，就是进入了实战阶段，戎服又加在朱衣的外面，推测当是裲裆甲。

第二节　军用裲裆与裲裆甲

六朝时期，适应战争的需要，出现了裲裆。裲裆有两种用途，一是普通服饰，作为背心使用，不属于军服。作为背心的普通服饰，在前面章节已经说明。二是作为军服使用，有坚硬的护甲。此节专门说作为军服的裲裆。

裲裆甲是六朝时期最常见的军服，以丹韦制成。丹为红色，韦是去毛熟治的皮革。韦长二尺，广一尺，有两块组成，《释名·释衣服》云"其一当胸，其一当背"，一般套在裤褶服外，若穿在袍袄中，则称为"衷甲"。

《隋书·礼仪志七》曰：陈代皆采用梁代之旧制，"左右卫、左右武卫……侍从则平巾帻，紫衫，大口袴褶，金玳瑁装两裆甲……直阁将军、直寝、直斋、太子直阁，武弁，绛朝服，剑，佩，绶。侍从则平巾帻，绛衫，大口袴褶，银装两裆甲"[②]。这种裲裆衫长至膝上，直领宽袖，左、右衽都有，原来可能是作为裲裆甲的一种衬服，军官与士兵都可以穿。后来武官在裲裆衫外披上与裲裆甲形制完全相同的布制或革制裲裆，作为武

---

① 〔唐〕李延寿撰：《南史》，第 137 页，北京：中华书局，2008 年。
② 〔唐〕魏征、令狐德棻撰：《隋书》，第 259-260 页，北京：中华书局，2016 年。

图 6-4　魏晋裲裆铠穿戴展示图（摘自《中国历代服饰》）
裲裆甲不是全覆盖的铠甲，只是前胸与后背两片，战斗中比较轻
便，但是没有甲片覆盖的身体部位也容易受伤。

官的公事制服[①]。换言之，裲裆甲根据材料不同分为三种：布裲
裆、革裲裆、铁裲裆。按照铠甲的制作工艺，如果是布裲裆甲，
在布质上会缀有金属泡钉，仍然具有一定的抗刺杀的功能。否
则没有金属泡钉的布裲裆，只能是裲裆衫，而不是裲裆甲，既
然名之为裲裆甲，自然要有甲的功能。

① 刘永华：《中国古代军戎服饰》，第 67-68 页，上海：上海古籍出版社，
　2006 年。

六朝时期的裲裆，并非南朝独创，其创制来源于北朝。北朝以游牧民族为主，全民皆兵，马上征战，马上得天下，每一个战士都有一副裲裆随身，脱下是农民，穿戴上是战士，裲裆在北朝使用非常普遍。在南北朝的战斗中，北朝的裲裆渐渐为南朝接受，并成为南朝的主要服饰品种（不局限于军服）。南朝宋代将领安都作战时打得火热，"乃脱兜鍪，解所带铠，唯着绛衲两当衫，马亦去具装，驰入贼阵"①。安都穿在铠甲里的是裲裆衫，不是裲裆甲。裲裆衫外面有铠，"兜鍪"与"铠"才是甲。

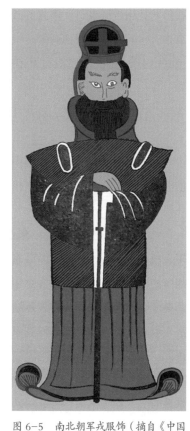

图 6-5　南北朝军戎服饰（摘自《中国古代服饰史》。黄沐天设色）

河南邓州彩色画像砖，南朝裲裆甲，黄色裲裆，朱红色衣，大口裤。

在铠甲里面，军人主要穿着袍、襦袄、袴褶等衣裳，有时还带上披风。早期的褶向左方掩襟，随着汉化程度的增加，出现了向右掩襟的交领褶衣。褶一般长仅过臀，用宽革带束腰。属于北方游牧民族服式的褶，有大翻领、对襟的式样。北方的裤子一般裤腿比较窄，有些还

---

① 〔唐〕李延寿撰：《南史》，第 978-979 页，北京：中华书局，2008 年。

在腿腕处用带子束口。南方的武士裤腿肥大，敞口，仅在膝下束带。在河南邓州南朝画像砖中士兵像和洛阳博物馆藏北魏元邵墓中士兵陶俑上，都可以看到这类服装。

第三节　筒袖铠与明光甲

六朝时期军戎服装中对铠甲尤为重视，主要原因就是战争的需要。在南北对峙状况下，相比较而言南朝的铠甲略逊色于北朝。

六朝时的战争到底有多么残酷，从古诗中可窥视一斑。"将军白战死，壮士十年归"，乐府诗《木兰辞》为我们了解当时战争的惨烈做了注脚。青春少年意气风发，艰苦卓绝的战斗，消耗了他们的青春年华，战争结束能够活下来已经足够幸运。战士们奉献了青春，等到回到家乡时已经是迟暮老者，身体佝偻。"万里赴戎机，关山度若飞。朔气传金柝，寒光照铁衣。"身着戎装的将士在寒冷的气候中宿营扎寨，月色中，戎衣上闪烁着寒光，阴森恐怖。诗歌虽然说的是北方的战争，其实也适合南方的战斗，这其中也有南北方的交战。战斗中能够幸存的将士，除了将士指挥得当，面对面的厮杀中，坚固、高效的铠甲防护是必不可少的。当对方的刀枪不能砍破、刺入铠甲时，就有了拼死一搏的翻盘机会，回手一刀，翻身一枪。倘若这铠甲中看不中用，对方刺来的一枪就会呜呼哀哉，哪里能够喝到庆功的美酒？可见铠甲的坚硬、坚固远比款式、美观要重要百倍。

战争催生进攻武器的更新，也促进了防御铠甲的诞生。关于铠甲，在记述这一时期的史籍中有很多记录。侯景之乱时，

"贼尽获辎重器甲，斩首
数百级，生俘千余人"[1]；
"时高祖坐文德殿，(侯)
景乃入朝，以甲士五百人
自卫，带剑升殿。"[2] 此期，
坚硬无比、抗冲击力强的
铠甲筒袖铠应运而生。筒
袖铠形制胸背相连，有短
袖，用鱼鳞形甲片编缀而
成，形如现代的短袖套
衫，有的还有盆袖，《南
史》《宋书》等也称"诸
葛亮筒袖铠"。筒袖铠使
用鱼鳞纹甲片或龟背纹甲
片连接起来组成整体的圆
筒形护身甲，并在肩部装
有护肩的筒袖[3]。铠甲原

图6-6　魏晋筒袖俑 (摘自《中国历代
服饰》)
筒袖甲的形制，南朝北朝基本一样，
头戴兜鍪，这样就将全身包裹在铠甲
保护之下，严严实实。

本就是用于防卫的，坚硬的铠甲可以有效地保护穿着者，在厮
杀中避免伤害。筒袖铠强度很高，抗冲击力强。南朝宋代将领
"御杖先有诸葛亮筒袖铠、铁帽，二十五石弩射之不能入"[4]。
二十五石是指弓弩的力量，弓弩通常比弓箭力量大，穿透性强，
杀伤力远远大于张弓搭箭的弓箭，可以抵挡"二十五石"力道

①　〔唐〕姚思廉撰：《梁书》，第844页，北京：中华书局，2008年。
②　同上书，第851页。
③　赵超：《中华衣冠五千年》，第95页，香港：中华书局(香港)有限公司，
　　1990年。
④　〔唐〕李延寿撰：《南史》，第1000页，北京：中华书局，2008年。

的弓弩，这筒袖铠的坚硬程度算得上高水平。为什么筒袖铠如此坚硬？制造上可能采用了百炼钢工艺，曹魏时期陈琳《武库赋》有云："铠则东胡阙巩，百炼精刚，函师震旅，韦人制缝，元羽缥甲，灼爥流光。"诸葛亮《作刚铠教》也说："敕作部皆做五折刚铠，十折矛以给之。"交代了制作铠甲需要迭锻五次①，筒袖铠的诞生无疑给交战的一方带来了有利的因素。

步兵、骑兵都有着筒袖铠的。只是骑兵使用筒袖铠时，还配有腿裙，这种腿裙比汉代的要长，能够更好地保护骑兵的腿部。步兵甲士着筒袖铠，只有身体上部的保护，而没有腿部的铠甲，其目的在于避免行走与交战的不便。近身的步战，灵活性很重要，身手敏捷，动作麻利，体力持久，就能在搏斗中胜出。

在裲裆甲基础上，前后胸部各加两块圆形的钢护心，加强了对心肺的防护，这些圆护酷似镜子，可以反射出阳光，如明镜般锃亮，被称为明光甲。明光甲有披膊、腿裙，还有护项（由原来的盆领变化而来），防护面积也比其他铠甲都大。除了胸部是整块甲片外，其他部位都用小甲片编缀而成。刘永华认为，由于明光甲比其他铠甲面积大，防护强度增加，因此，明光甲可能是官品比较高、兵种重要的武官将校所穿着。②

与明光甲相近的是黑光甲。黑光甲与明光甲实际是一个类型，只是在铠甲的表面处理上有所不同而已。这两种铠甲与两当铠，后来被筒袖铠代替。因此，我们现在已见不到实物，只在曹植的《先帝赐臣铠表》中有记录。

在使用方面，六朝后期，明光甲用束甲绊束甲，使铠甲比

---

① 凯风：《中国甲胄》，第59页，上海：上海古籍出版社，2006年。
② 刘永华：《中国古代军戎服饰》，第64页，上海：上海古籍出版社，2006年。

图 6-7　明光甲俑

明光甲的保护程度与筒袖铠差不多，也有兜鍪，胸前再有两片铁甲，重点保护胸部。

图 6-8　魏晋明光铠穿戴展示图（摘自《中国历代服饰》）

明光铠即明光甲。胸前圆形的护心镜，强化了对胸部的保护。明光甲的出现，一方面是科技进步，铠甲抗击强度增加，另一方面运用了心理战术，交战时，以护心镜反射阳光，干扰对方视线。

较贴身，便于行动。束甲绊的材料有皮条、丝线和绢帛。束甲时将甲绊套于领间，在领口处打结后向下纵束，至腹前再打结，分成两头围裹腰部后系束在背后。

筒袖铠、具装铠都属于硬甲，抗击能力强，但是因为铠甲多由金属甲片与皮革制成，十分厚重，非战事时穿着就显得笨重。因此，这一时期在铠甲之外，军戎之服中还出现了一种短袖襦的软甲，其形制具有胡服的特点：小袖口，左衽、右衽或者前开襟，大翻领，单、棉都有。这种软甲的穿着对象是不直接进行战斗的士兵，即后勤运输士兵，我们可以将其划归为非战斗人员。穿着时袒露一臂，可以看出工作性质。短袖襦的实用性，类似现代军服中的作训服，重量轻便，穿着便捷，可以提高工作效率。

软甲中还有一种锁子甲，又叫连环甲、环锁甲。形制用数千个铁环上下左右互相钩连而成，其优点是轻便坚固，相同重量的铠甲中，锁子甲的防护效能远远胜于其他任何甲种，而且具有无可比拟的柔韧性。南北朝时期还有一种胸甲——开胸坎肩式胸甲，类似一件开胸小坎肩，连接在胸与肩部。

魏晋南北朝时期是中国甲胄重大而彻底的变革期。由于南北文化的交融，异域风格的明光铠被大量使用。残酷的战争使得甲胄日趋完备多样，西汉时将官才有的筒袖铠被大量使用，身甲与筒袖联为一体，防护更加周密，且大多配有盆领，而且盆领呈现圆圈状，相较于西汉只保护颈两侧与后侧的方凹形盆领有显著提高[1]。札甲甲片则普遍细小，鱼鳞甲更为普及。

---

① 凯风：《中国甲胄》，第56页，上海：上海古籍出版社，2006年。

第四节 军戎之冠

无论是裲裆甲、筒袖铠，还是明光甲、锁子甲，保护的对象主要是胸腹、手臂、下肢，基本上都不覆盖头部，保护将士头部的另有兜鍪，统属于冠帽之类。

军戎制服还有一个重要的组成——冠帽。浴血疆场，刀枪无眼，头部更是攻击的重点。因此保护头部也成为军戎之服的重中之重。

军戎之冠主要有武冠、鹖冠、却敌冠、樊哙冠、袷、兜鍪等。六朝时期武冠的形象资料很少，从外形上看与汉代基本相似，用漆纱制成，冠下也戴帻。根据《晋书·舆服志》记载，晋代武官戴此冠一般不加金珰、附蝉、貂尾，只有侍中、常侍等侍臣，才以冠上所加的上述饰物来区分品级。"侍中、常侍则加金珰、附蝉为饰，插以貂毛、黄金为竿，侍中插左，常侍插右。"[1] 其中貂尾的插法在宁懋石室的石刻画像中表现得十分清楚。

鹖冠，又称鹖尾冠，为武士之冠。以漆纱为之，形似簸箕，两侧插鹖尾（鹖是一种像野鸡的鸟，善斗）。鹖冠创制于战国，秦汉魏晋沿袭。

从汉代沿袭而来的武冠主要有却敌冠、樊哙冠，《晋书·舆服志》记载："却敌冠，前高四寸，通长四寸，后高三寸，制似进贤。……樊哙冠，广九寸，高七寸，前后出各四寸，制似平冕。"[2] 二者皆为殿门司马、卫士所用，属于礼仪武冠。

魏晋六朝时期军队的武冠普遍采用帢，晋代崔豹《古今注》

---

[1] 〔唐〕房玄龄等撰：《晋书》，第 768 页，北京：中华书局，2010 年。
[2] 同上书，第 769 页。

图 6-9 鹖冠（摘自《中国衣冠服饰大辞典》。黄沐天设色）

河南洛阳北朝宁懋墓出土石刻。印冠上插有鹖尾而得名。鹖是古书上说的一种善斗的鸟，其性好斗，至死不却。上古以鹖羽插冠上，表示英武，以此作为武士之冠。

曰："帢，魏武帝所制，初以章身，服之轻便，又作五色帢，以表方面也。"[1]帢也是一种礼仪冠。《晋书·五行志上》说："初，魏造白帢，横缝其前以别后，名之曰颜帢，传行之。至永嘉年间，稍去其缝，名无颜帢。"[2]又说帢是魏武帝曹操创制的，"魏武帝以天下凶荒，资财乏匮，始拟古皮弁，裁缣帛为白帢，以易旧服"[3]。帢的服色并不限于白色，还有其他多种颜色，作为军队方阵的区别。帢渐渐成为军便服，作战则另有戎服（铠甲之类），《资治通鉴·晋惠帝太安二年》记载："（陆机）闻（牵）秀至，释戎服，著白帢，与（牵）秀相见。"[4]以戎装相见，显得有敌意，白帢相对随意，不那么剑拔弩张，或者说朋友相见，将帅也不必摆着威严带着杀气，随

---

① 〔晋〕崔豹撰，崔杰学校点：《古今注》，第3页，沈阳：辽宁教育出版社，1998年。
② 〔唐〕房玄龄等撰：《晋书》，第825页，北京：中华书局，2010年。
③ 同上书，第822页。
④ 〔宋〕司马光编著，〔元〕胡三省注：《资治通鉴》，第2734页，北京：中华书局，2011年。

意的军便服白帢就恰到好处，既是战争姿态，又比较随意自然。正是因为白帢少了威武的肃杀之气，却仍然带有战场的肃穆，流传到南朝，帢演变为丧服冠。人们以白帢为庆吊之服，不再作为正服使用。

却敌冠、樊哙冠属于军礼服之冠，相对于作战，礼仪冠都是花拳绣腿。真枪实弹的作战武冠还是要实用的，管不管用，就看是否能承受住对手致命的一击。兜鍪则胜任了这一重任。

兜鍪是个顶部半球形的胄顶，由若干大小甲片拼制而成，在脸部两侧下垂而形成一个球状的保护网。眉心还有伸出来的三角形护甲。这样就将最为脆弱、最为重要的头部保护起来。当然兜鍪系金属制品，有一定重量，佩戴了兜鍪的将帅，头部的灵活性会受到一点限制。

兜鍪多采用长条弧曲甲片叠缀成钵状，顶部有圆凸小钵封闭成胄体，多在两侧耳翼处加装甲片锻造的护甲，使两侧颈、耳、面颊都得到完备的防护。冲角胄的大量出现是六朝时期兜鍪变化的显著特点

图6-10 魏晋穿明光甲、戴兜鍪的武士（摘自《中国历代服饰》）
武士除了穿明光甲，头上还戴兜鍪，着战时的戎服。

之一，所谓冲角指头盔前额或造成变凸状，或干脆装上尖角的锐物，不但作为装饰，更有可在近身肉搏时啄击对方面目的功能，作为进攻的武器，给予对手致命一刺。

戎服的冠饰以平巾帻、帽较为普遍。平巾帻的形制在魏晋时期变化成一种小冠，后部突起，以笄固定于发上。帽有合欢帽、突骑帽、风帽等。

高级将帅还喜欢用幅巾，以为时尚。《三国志·魏书·武帝纪》裴松之注："汉末王公，多委（厌恶）王服，以幅巾为雅。是以袁绍、崔豹之徒，虽为将帅，皆著缣巾。"[1]幅巾的系裹方法可能与隋唐的幞头相同。平巾帻、幅巾都属于冠帽一类，是武将非战时所用，等到兵戎相见、两军对垒，则要戴兜鍪。

第五节　马匹具装铠

六朝时期出现南北对峙局面，北方政权由游牧民族建立，骑兵是他们的主要兵种。南北双方交战中，骑兵交锋比较多，杜甫诗云"射人先射马，擒贼先擒王"，因此在交战中战马首当其冲。骑兵的马一旦被射中、砍伤，骑兵便成了步兵，厚重的铠甲就成为负担，比步兵更不堪一击。出于保护战马的需要，这一时期大量使用保护马匹的铠甲——具装铠。这种具装披在马身上，除眼、鼻、四肢和尾外，其余部分都得到铠甲的保护。

对于马的保护，尤其是战马披甲，上古时期就有。彼时战车的马匹护甲就有彤甲、画甲、漆甲、素甲等多种，湖北随县

---

[1]　〔晋〕陈寿撰，〔南朝·宋〕裴松之注：《三国志》，第54页，北京：中华书局，2018年。

擂鼓墩一号墓出土的竹简就有这些马甲的记载。《诗经·秦风·小戎》"俴驷孔群"，《诗经·郑风·清人》"驷介旁旁"，这里的"俴驷""驷介"就是马甲。汉代的甲是皮革制的"当胸"；十六国时，有了结构完善的马铠（具装）；南北朝时马甲称为马铠、具装铠，成为骑兵部队普遍拥有的装备。一直到清代，甲骑都是军队的核心。

图 6-11 西晋墓青釉骑俑（摘自《中国古兵器集成》）

湖南长沙金盐岭出土的西晋青釉陶俑。武士着非战时的戎装，马的前部有马铠，应属于轻装骑兵。

刘宋大将沈攸之在江陵"聚众缮甲"，有"战士十万，铁马二千"。萧道成为了对付沈攸之，出动"铁马五千"，"楼烦白羽，投鞍成岳，渔阳墨骑，浴铁为群"[1]，以五千铁骑对付两千铁骑，力量对比上处于绝对优势。

史书中有"步骑""步卒""铠马""轻锐""铁骑""铁马"等记述的区别，代表军队的兵种不同与着装的差别。《三国志》记载："魏使将军胡烈步骑二万侵西陵。"[2]《晋书》记载：姚兴击败乞伏乾归时，"乾归败走，降其部众三万六千，收铠马

---

① 〔南朝·梁〕沈约撰：《宋书》，第 1933 页、1935 页，北京：中华书局，2006 年。

② 〔晋〕陈寿撰，〔南朝·宋〕裴松之注：《三国志》，第 1162 页，北京：中华书局，2018 年。

图 6-12　人铠甲马具装（摘自《中国古代服饰史》。黄沐天设色）
图中人物全身披挂，包括马也披马铠，这属于重装骑兵。

六万匹"①。《宋书》记载："寻阳内史沈攸之，轻锐七千，飞舟先迈。"②"更使（段）佛荣领铁骑一千，回军南讨。"③"（袁）凯更使（刘）胡率步卒二万，铁马一千，往攻兴世。"④《资治通鉴·晋惠帝太安二年》记载："（孟）超将铁骑百余人直入（陆）机麾下，夺之。"⑤步骑指步兵与骑兵，未必着铠甲；步卒指不着铠甲的步兵；铠马指披铠甲的战马。人穿铠甲、马披铠甲的重装骑兵，是当时军队的主力。轻锐是轻骑兵，没有重装铠甲；铁骑是重装铠甲的骑兵；铁马是战马披具装甲，仍然是指着重装铠甲的骑兵。

① 〔唐〕房玄龄等撰：《晋书》，第 2981 页，北京：中华书局，2010 年。
② 〔南朝·梁〕沈约撰：《宋书》，第 2136 页，北京：中华书局，2006 年。
③ 同上书，第 2137 页。
④ 同上书，第 2143 页。
⑤ 〔宋〕司马光编著，〔元〕胡三省注：《资治通鉴》，第 2733 页，北京：中华书局，2011 年。

配有具装铠的铁骑是重装骑兵，与之对应的是轻骑，二者通常是以铠甲的配备情况来划分。马匹不配具装铠、将士着简易轻便铠甲（铠甲覆盖面小，如仅着胸甲，没有披膊、腿甲）的是轻骑兵，为的是减轻负重，轻装上阵，行动迅速。马匹配备了具装铠，其灵活性自然比不上没有披甲的马匹。有学者认为，古代文献中的"轻骑"是指不带后勤辎重的纯骑兵战斗部队，携带后勤辎重物资的是重骑兵，中国轻骑未必不带具装，非"轻骑"的骑兵也未必有具装①。对此笔者并不认同。轻骑突出"轻"，"轻"则快，骑士可以有铠甲，但是马匹不能披具装铠，否则轻便快捷的特点实现不了。重骑兵即重装骑兵，其"重"不是落在辎重上，而是落在冲击力上，以骑兵来冲击步兵方阵，没有力量无法体现。骑兵的力量主要靠战马速度，战马冲击力量必须有具装铠来实现，以突出"重"的分量与力量。重装骑兵的特点在西夏铁鹞子、金朝拐子马、蒙古铁浮屠身上有更强势的表现，所向披靡，显然不是指辎重。

《宋书·柳元景传》记载：南朝宋元嘉二十七年（450），柳元景率西路军北伐，其部将薛安都"瞋目横矛，单骑突阵，四向奋击，左右皆辟易不能当，杀伤不可胜数，于是众军并鼓噪俱前，士皆殊死战，虏初纵突骑，众军患之，（薛）安都怒甚，乃脱兜鍪，解所带铠，唯著绛衲裆衫，马亦去具装，驰奔以入贼阵，猛气咆哮，所向无前，当其锋者，无不应刃而倒"②。薛安都的部队是重装骑兵，战斗激烈，虽然铠甲可以有效保护身体，但是由于分量重，近身拼杀体能消耗大，动作还不灵活，

---

① 李硕：《南北战争三百年——中国4—6世纪的军事与政权》，第134页，上海：上海人民出版社，2018年。

② 〔南朝·梁〕沈约撰：《宋书》，第1984页，北京：中华书局，2006年。

图 6-13　南朝马具装画像砖（摘自《中国兵器史稿》）

两位武士两匹马，武士着装基本一致，没有铠甲。两匹战马的披甲有所区别，前面的马是全套马具铠，后面的马没披马具，也说明两位武士代表着不同的军队，分别为重装骑兵与轻装骑兵。

薛安都干脆脱去铠甲，摘掉兜鍪，甚至连战马的具装铠也卸掉了，不做防护，杀入敌阵，所向披靡，勇冠三军。

《晋书·石勒传》记载，永嘉六年（312）石勒守襄国（今河北邢台西南），大败疾陆眷，"枕尸三十余里，获铠马五千匹"[①]；汉赵"（刘）曜带甲十万，攻一城而百日不克"[②]。"诸军集于成皋，步卒六万，骑二万七千。""（石）勒统步骑四万入自宣扬门，升故太极殿前。（石）季龙步卒三万，自城北而西，攻其中军。石堪、石聪等各以精骑八千，城西而北，击其前锋，大战于西阳门。（石）勒躬贯甲胄，出自阊阖，夹击之。（刘）曜军大溃，石堪执（刘）曜，送之以徇于军，斩首五万余级，枕尸于金谷。"[③]刘曜大军十万，石勒军队也是十多万，双方势均力敌。义熙五年（409），刘裕灭南燕的临朐之战，慕容

---

① 〔唐〕房玄龄等撰：《晋书》，第 2719 页，北京：中华书局，2010 年。

② 同上书，第 2744 页。

③ 同上书，第 2745 页。

超曾出动铁骑万余，其步骑士卒有九万之多，前后夹击刘裕军，秦主姚兴也"遣其将姚强率步骑一万"支援慕容超。从上述几例可以看出，当时已经有成千上万数量的"铁骑"驰骋于战场，甚至可以号称"十万"。重装甲骑兵，已是军队的核心力量。

南齐东昏侯萧宝卷为了对付萧衍，拥兵七万，"马被银莲叶具装铠"①。这种银莲叶具装铠，也是"马具装"。铠甲变得越来越轻便精细，力求克服笨重的缺点，既要利于防身，又要便于行动。

图 6-14　步兵与骑兵交战（摘自《逝去的风韵》。黄沐天设色）
着具装马的骑兵与持盾牌的步兵交战。从战斗力来看，骑兵的冲击力强大，装备有具装铠的骑兵更加凶猛。双方力量差距很大，具装骑兵占优势。

---

① 〔南朝·梁〕萧子显撰：《南齐书》，第106页，北京：中华书局，2007年。

六朝时期的豪族地主拥有自己的部曲私兵，装备精良，因而可以人、马都披甲。《晋书·桓宣传》记载：桓伊家拥有马的具装百具，步铠五百领①。《北齐书·高季式传》记载：北齐高季式"自领部曲千余人，马八百匹，戈甲器杖皆备"②。这些部曲私兵，集合起来就成为当时军队的核心。"甲骑"的大量编入军队，并成为军队的核心力量，标志着中国古代骑兵发展的一个新阶段。

北方民族进入中原后，与世族门阀制度相结合，形成了大量骑兵为核心的世族门阀武装，他们也采用了甲骑的具装。例

图 6-15　南朝丹阳墓砖画具装马（摘自《中国古代服饰研究》。黄沐天设色）

马铠有柳叶条子形的，也有绵袄子形的。马是全套马具装，骑在马上的武士，穿袍服，在肩部有铠甲保护，马是重装，人是轻装，这种形象比较少见。

---

① 〔唐〕房玄龄等撰：《晋书》，第 2119 页，北京：中华书局，2010 年。
② 〔唐〕李百药撰：《北齐书》，第 296 页，北京：中华书局，2008 年。

如，汉赵昭文帝刘曜的近卫部队——亲御郎，就是一支精锐的重装甲骑兵部队。《晋书·刘曜载记》说："召公卿以下子弟有勇敢者为亲御郎，被甲乘铠马，动止自随，以充折冲之任。"[①]

重装骑兵的特点就是骑手披甲戴胄，马也披甲。人披的铠甲，主要是裲裆铠，也就是胸前背后各一片甲，两片甲在肩上用带联结起来。也有的在肩部加披膊，头上戴兜鍪（头盔）。

具装铠的材料以铁最多，最普遍，也最实用。从河南和江苏出土的画像砖以及骑具装俑来看，具装铠的形制与战国时期的马甲相同，只是在马尻部位多了一件称作寄生的装饰。寄生的形状多种多样，制作材料也各不相同，有布匹、毡子、皮革、铁等多种，大部分具装铠是以铁制作。

第六节　军戎服饰的色彩

六朝时戎装的颜色以红、白为主，一般是朱衣白裤，有时是白衣白裤，只在衣服的镶边上、铠甲外缘的包边上采用

图 6-16　南朝持剑武士画像砖（常州博物馆藏）

长 32.2 厘米，宽 16.5 厘米，厚 3.8 厘米。持剑男子穿宽袖开襟衫，内衬露颈圆领衫，着宽松长裤。这种宽松的着装，符合一般戎装白衣白边的特点，为练武、上朝等非战事时穿着。

① 〔唐〕房玄龄等撰：《晋书》，第 2699 页，北京：中华书局，2010 年。

图 6-17 南朝门卫左武士
砖刻画
江苏丹阳建山金家村南朝
墓出土。武士头戴皮弁，
身着裤褶，外罩筒袖铠，
足蹬云头靴，双手拄剑于
腹部。砖刻画线条流畅，
疏密变化有致。

其他颜色。冠、靴基本用黑色，铠甲用金、银色为多，明光甲
的一些边缘处，常涂以金色，极少的部位配以湖蓝、绿等其他
色彩①。《邺中记》记载："石季龙左右直卫万人，皆著五色细
铠，光耀夺目。"

六朝时也有军服用黑色的，东吴禁卫军戎服即为黑色，军
队驻扎在秦淮河畔，得名乌衣营，后改名乌衣巷。至今南京夫
子庙还有乌衣巷地名，其历史有千年之久。

---

① 刘永华：《中国古代军戎服饰》，第 73 页，上海：上海古籍出版社，
2006 年。

图 6-18　南朝门卫右武士砖
刻画

江苏丹阳建山金家村南朝墓
出土。砖刻画上两武士，着
装与动作一样，脸的朝向一
左一右，服饰的绶带与手握
剑柄略有不同。两眼圆睁，
透出威武之气。

　　六朝军戎服色的多样，一方面出于军队管理、指挥的需要，
以服色编制军队单位，有乌衣营，似乎也应该有赤衣营、白衣
营。另一方面以色彩、服色来鼓舞士气，激扬斗志，以壮军威。
从科技角度说，明光铠的亮光在战斗中给对方炫目的反光，可
以出奇制胜，一招破敌。此外，铠甲等戎服上大量使用红白等色，
也与南北朝时期佛教、儒教的影响逐渐增大有关[①]。

① 刘永华：《中国古代军戎服饰》，第72页，上海：上海古籍出版社，
　　2006年。

第七章　裙开衫薄映凝肤

——六朝的内衣

夏季气温飙升，街上热浪滚滚，时尚男女自有避暑度夏的好方法，不是躲在空调房内，也不是在避暑胜地猫着不动，那都不是时尚男女的高招。他们在衣着上棋高一着，身着开放服饰，款款而行。现如今，内衣外穿早已不是什么新闻，吊带衫、露脐装、低腰裤、低胸衣，一款一款地流行。夏季正是时髦女子展露肌肤、凸显性感身材绝佳的时机，她们如何能够放弃？这是 21 世纪的夏日风情。一千四五百年前的中国社会没有如此开放，也不会这样逾礼。除特殊人物、特殊情况，人们并不以裸露取胜，而是创造了内衣的服饰，清凉一夏。中国传统服饰讲究传承，时尚潮流也不是无根之木，它也有历史渊源和文化背景。

第一节　六朝内衣品种不少

富庶的六朝，主要疆域在江南，自然环境、人文地理影响着生活，进而影响着服饰。中国内衣在正史《舆服志》中没有地位，记录也寥寥无几。但是内衣又是客观存在的，并不因人而废，也不因事而止。宽大的袍服，等级森严的官服，在威严、庄重、礼仪的服饰之下，上至帝王，下至黎庶，岂能都不穿内衣？这样显然不合礼俗。上古至秦汉流行深衣，深衣的产生就是为了避免走动时的不雅行为，有深藏不露之意。上古时只有胫衣，并无现代概念的内衣。但是随着时代的发展，秦汉时期出现汉衣、汗衫、帕服、心衣、犊鼻裤等内衣[1]，《史记·司马相如列传》记载：司马相如与卓文君私奔后，为了生计，曾着犊鼻裤当街

---

① 黄强：《中国内衣史》，第 25 页，北京：中国纺织出版社，2008 年。

图 7-1　穿襦袴围蔽膝的晋代仕女（摘自《中国衣冠服饰大辞典》）蔽膝原本是内衣，属于有遮挡的裙裤，是上古蔽膝的遗风。沈从文先生认为蔽膝是围裙，只适用于魏晋南北朝时期的蔽膝，笔者认为与上古的蔽膝是两种服饰。

卖酒。所谓犊鼻裤，就是一种形制如牛鼻的短裤，系底层百姓干活时所穿。

《世说新语·任诞》记载了竹林七贤之一阮咸晒犊鼻裈的故事。"七月七日，北阮盛晒衣，皆纱罗锦绮。仲容（阮咸）以竿挂大布犊鼻裈于中庭。"[1]民俗七夕晒衣，富贵人家晒绫罗绸缎，阮咸以长竹竿悬挂犊鼻短裤，反传统而行之。

到了六朝又出现了新的内衣，流行新的款式，有抱腰、犊鼻裈、凉衣、反闭等，人们加入创新性的运用，开启了现代内衣反穿的先河。追溯古代时候，我们发现古人的时尚早早走在了我们的前面，当下社会所有的内衣及其穿着形式，在六朝时已经有了。毫不夸张地说，六朝人是时尚的先锋，是内衣反穿的鼻祖。

---

① 〔南朝·宋〕刘义庆撰，朱碧莲、沈海波译：《世说新语》，第334页，北京：中华书局，2015年。

一、两种裲裆——内衣与铠甲

在南朝出现过一种类似裲裆的内衣，形制为方形，使用时，遮挡在胸前，正看与裲裆无别，只是裲裆有前后两片，一片当胸，一片当背。而这种内衣有前片而无后片，因此被戏称为"假当"，意思是假的裲裆。《南史·齐本纪下》记载："先是百姓及朝士，皆以方帛填胸，名曰'假当'，此又服袄。假非正名也，储两当而假之，明不得真也。东昏诛，其子废为庶人，假两之意也。"①裲裆，又作两当，它是背心式的服装。《释名·释衣服》曰："裲裆，其一当胸，其一当背，因以名之也。"

裲裆在六朝时期是两种服饰，贴身穿的为背心，外穿的则是军戎服饰，是用于护身的铠甲，当时有裲裆甲，详见上一章内容。

当时还有另一种称为"反闭"的内衣。《释名·释衣服》解释说，"反闭，襦之小者也，却向著之，领反于背后，闭其襟也。"也就是说，反闭的形制是前后两片缝缀，于后背开对襟，穿着时在背后扭结，"反闭"名称即由此而来。而裲裆虽然也是前后两片，但是前后分制，以带襻相连。

二、凉衣与浴衣

《世说新语·简傲》还记载了另一种贴身所穿的内衣——凉衣。"平子（王澄）脱衣巾，径上树取鹊子，凉衣拘阂树枝，便复脱去。"②何为凉衣？顾名思义，穿在身上有凉爽的感觉。笔者推测凉衣是一种面料透气、容易散发身体热量的衣服，大

---

① 〔唐〕李延寿撰：《南史》，第161页，北京：中华书局，2008年。
② 〔南朝·宋〕刘义庆撰，朱碧莲、沈海波译：《世说新语》，第354页，北京：中华书局，2015年。

概类似近代香云纱一类的面料；再一种可能，其面料可能有网眼，从"凉衣拘阁树枝"的描写推想，如果是光滑平整的面料，不容易被树枝挂上，如果镂空有网眼，情况就更符合《世说新语》的描述了。

浴衣也是内衣的一种，在南朝时期出现了类似今天浴衣的内衣——明衣。明衣是古代一种贴身的单衫，它的作用就是浴后所穿，其功能属于浴衣一类。

对于明衣，南朝皇侃《论语义疏》有云："谓斋浴时所著之衣也。浴竟身未燥，未堪著好衣，又不可露肉，故用布为衣，如衫而长身也，著之以待身燥。"[①] 就是说洗澡以后，身体上的水分还没有完全干燥，不能穿换洗好的衣服，但是赤身露体也不雅观，这时披上明衣（浴衣），以待浴后身体上的水干了。此说确有道理，也很注意文明细节。不像竹林七贤那样，白眼看人，赤身露体见客，行为放荡，是不符合中国人礼仪规范的。所谓放荡怪诞的名士风度，"越明教而任自然"有其反传统的因素，他们所谓的风度，有失风雅，有伤风化，并不值得提倡。《世说新语》把刘伶"脱衣裸形"与阮咸"竿挂大布犊鼻裈于中庭"的举动列在"任诞"类，已表明作者倾向。

三、流行轻薄衫子

六朝尤其是南朝的女性喜穿轻薄的衫子，这与六朝褒衣博带的风尚是一致的。魏晋南北朝时期的民族大融合，使得汉民族的服饰吸纳了北方少数民族服饰的特点，衣服裁剪更加贴身、适体，传统的服装样式深衣制逐渐退化，西北少数民族的服装

---

① 黄强：《中国内衣史》，第45页，北京：中国纺织出版社，2008年。

图 7-2　穿裲裆的妇女局部（摘自《甘肃嘉峪关魏晋六号墓彩绘砖》）
裲裆服饰，内衣外穿。

图 7-3　向秀袒露装（摘自《中国历代服饰泥塑》）
砖刻图中的竹林七贤，都是袒胸露背，彰显他们豁达放纵的性格，以此表达对于时政的不满。

胡服，尤其是裤褶和裲裆，则成了社会的流行服装，其应用范围由燕居（家居），扩大到日常生活与礼仪交往。

衫子此时流行开来，从《竹林七贤图》中，我们看到了六朝时期文人身着衫子纵情放达的情形。需要指出的是，魏晋时期的衫子衣无袖端，敞口，与汉代袍子是有区别的。刘熙在《释名·释衣服》中解释："衫，芟也。芟末无袖端也。"

衫子在魏晋是比较普遍的一种内衣，主要在社会中上层流行。晋《东宫旧事》称："太子纳妃，有白縠、白纱、白绢衫，并系结缨。"当时还有单衫、复衫、白纱衫、白縠衫等。衫有单层与夹层之分，不论婚丧均常用白色薄质丝绸制作。穿着轻薄透明的衫子在魏晋时期非常流行，六朝宋代沈约《少年新婚中咏》诗云："裙开见玉趾，衫薄映凝肤。"衫子薄透才能见到衫子下面的肌肤，所追求的就是肌肤若隐若现的效果。

有时人们也嫌衫子过于薄、透，于是用一块或几块布料叠合，上下缝有系带，围在腰间，就形成了抱腰。抱腰可以贴身而穿，也可围裹在衣裙外面，主要是包裹腹部，兼有保暖与束腹功能，是现代妇女腹带的滥觞。

第二节　内衣外穿成时尚

古代服饰的很多概念与我们现在的有所区别，翻阅古代史时，就要注意区别，避免出错。

一、袜不在"足"下却穿在身上

现代人对于袜子非常熟悉，但是在阅读六朝史料时，要区别对待袜子。六朝时出现了"袜"，但是这个"袜"不是穿在足上的现代概念的"袜子"。穿于足上的"袜子",原来的名称是"足衣"。难道六朝人穿着变异,把"足衣"穿到了身上?难道是连裤袜不成?或者是六朝人玩起了行为艺术?非也。不是六朝人穿错了"袜子",而是我们搞错了古代"袜"的概念。

其实足衣在古代并不称"袜",而称"襪"或"韈",只有穿在女人身上的内衣,才称"袜"。《广韵·末韵》云:"袜,袜肚。"《集韵·末韵》:"袜,所以束衣也,或从糸。"梁朝刘缓《敬酬刘长史咏名士悦倾城诗》中就有"袜小称腰身"的比喻。隋炀帝《喜春游歌》中也有"锦袖淮南舞,宝袜楚宫腰"的诗句,咏的都是妇女的内衣。"袜"作为内衣,六朝时并非女性的专利,男性的内衣也与"袜"搭点边,但不是单独称"袜",《陈书·周迪传》记载,梁、陈代的军事将领周迪"性质朴,不事威仪,冬则短身布袍,夏则紫纱袜腹"[1]。紫纱质地的覆盖在腹部的"袜腹",与女性覆盖胸乳部位和腹部的"袜",名称上有区别。

宝袜就是专用于束胸的贴身内衣。崔豹《古今注》所谓之"腰綵"。明人杨慎《丹铅总录》卷二十一云:"袜,女人胁衣也。"明人田艺蘅称:"宝袜,在外以束裙腰者,视图画古美人妆可见。故曰'楚宫腰'。曰'细风吹'者,此也。若贴身之袓,则风不能吹矣。自后而围向前,故又名合欢襕裙。沈约诗云'领上蒲桃绣,腰中合欢绮'是也。"[2]

---

[1] 〔唐〕姚思廉撰:《陈书》,第483页,北京:中华书局,2008年。

[2] 〔明〕田艺蘅撰,朱碧莲点校:《留青日札》,第379页,上海:上海古籍出版社,1992年。

二、内衣外穿

裲裆是一个非常特殊的服饰，最早出现在汉代，汉代以降，尤其到了魏晋时期又有了新的发展。裲裆主要出现在北方，是北朝的主要服饰，但是南朝亦有。裲裆有两种形制，用于军服是裲裆甲，用于贴身而穿是裲裆衫。

裲裆本是穿在外面的服饰，男女通穿。赵超先生认为："两当衫穿在上衣外面，俨然有些礼服的作用了。"[①] 裲裆的样式出现在妇女衣着中，其形制类似今日的背心，前后两片，遮掩前胸与后背。女性穿交领或直领上衣时，领口敞开，颈脖部位裸露面积较多，其低开口领已经袒露了胸乳部。鉴于会出现春光泄露的状况，贴身着一件裲裆，不仅保暖，而且蔽胸。《玉台新咏》有诗云："新衫绣裲裆，迮置罗裙裹。"裲裆在南朝女性服饰中是比较普遍的内衣，贴身而穿，下摆披在裙内。梁代王筠《行路难》曰："裲裆双心共一抹，袙腹两边做八撮。襻带虽安不忍缝，开孔裁穿犹未达。胸前却月两相连，本照君心不照天。"

裲裆的质地有罗、绢、绫、锦等，按季节，分为单、夹、棉。按照我们现在的话讲，是单衣裲裆、夹衣裲裆和棉衣裲裆。我们可以通过一些绘画和史籍记载来印证笔者的推论。

春夏之际，气温温和，人们衣着单薄，裲裆如同单衣、薄衫，往往一件足矣。在甘肃嘉峪关魏晋墓壁画中，我们看到一幅描绘采桑女及护桑女形象，就是穿着一件方形裲裆。在绘画中，似乎采桑女除了这件贴身而穿的裲裆外，没有其他的内衣，显

---

① 赵超：《中华衣冠五千年》，第97页，香港：中华书局（香港）有限公司，1990年。

图7-4　采桑与护桑穿裲裆的妇女（摘自《甘肃嘉峪关魏晋六号墓彩绘砖》）
甘肃嘉峪关彩绘砖着裲裆的采桑女形象，风气开化，人物生动，记录了当时生活的情态。

然适合气温较高的地区和环境，就像现在某些农村流行的小褂。从绘画中，还传递出更丰富的信息，不仅反映了裲裆这种形制，而且传递出人们开放的思想情趣。对于采桑女穿裲裆，不单纯是内衣外穿，而是直接穿着内衣活动，因为她没有外衣、内衣之分，只是一件而已。女子穿着内衣在大庭广众、众目睽睽之下，毫无羞怯之态，甚至没有异样的眼光，说明当时的社会是多么的纯洁。

　　在某些气温偏低的地区或秋冬季节，在当时妇女中，还流行有棉裲裆。晋人干宝小说《搜神记》就有棉裲裆的描写。三国时期颍水（今河南禹州）一带常常闹鬼，某日夜晚，魏大臣钟繇外出，恰巧遇到一个女鬼，"形体如生人，著白练衫，丹绣裲裆"①。钟繇以刀砍之，只见女鬼一边逃逸，一边用丝绵

---

① 〔晋〕干宝撰，马银琴译注：《搜神记》，第376页，北京：中华书局，2013年。

揩血。第二天，钟繇顺着血迹找到一墓穴，见到一具女尸，服饰依旧，只是裲裆中的丝绵被抽掉了不少。

据周汛、高春明两位专家考证："在当时，妇女确实穿着裲裆，而且已将其穿着在外面，裲裆的表面采用刺绣，比较考究；更主要的是在裲裆的里面，还纳有丝绵，这种裲裆，当为后世'棉背心'的最早形式。"[1]1965年，在新疆吐鲁番阿斯塔那一座晋十六国时期的墓穴中，出土了裲裆的实物。这件裲裆以红绢为底，上有黑、绿、黄三色彩线绣成的萝草纹、圆点纹以及金钟花纹，四周镶嵌有素绢边，裲裆里面还有丝绵。在同一地区1979年出土的另一座晋十六国时期的墓穴中，也发现了裲裆，以红绢为底，用蓝、绿、黄、黑等丝线绣有龙、鸟、山、树，以及花草图案，纹样生动，色彩鲜艳。从纳有丝绵的裲裆实物分析，出土的丹绣裲裆属于棉制品，与文献记载相符。

图7-5　彩色裲裆线描图（黄强临摹，黄沐天设色）

新疆地区彩色裲裆实物的出土，证明笔记小说中对于裲裆的描述是正确的，并不是凭空臆想。彩色的裲裆，颜色鲜艳，非常漂亮，传递出性感的信息，难怪受到当时女性的追捧。

① 　周汛、高春明：《中国古代服饰大观》，第329-330页，重庆：重庆出版社，1996年。

六朝时期，裲裆被时尚的女子贴身而穿，但是为了展示时尚之美，她们一反常态，将过去秘不示人的褻衣——裲裆，勇敢地加在了"交领"的外面，按现在时髦的话讲，就是内衣外穿。换言之，裲裆从单纯的褻衣，发展成罩在衣裳外面的时尚之衣，其内衣的功能性特点，退而成装饰性特点。

与裲裆对应的是袙腹，一种覆盖在胸腹间的贴身小衣。八王之乱参与者之一的齐王司马冏曾遇到一事："有一妇人诣大司马府求寄产。吏诘之，妇人曰：'我截齐便去耳。'识者闻而恶之。时又谣曰：'著布袙腹，为齐持服。'俄而冏诛。"[1]绘于北齐天宝七年（556）的《北齐校书记》描绘了六朝时期的裲裆和袙腹。此图描述了义宣帝高洋命樊逊等人校勘秘府藏书的情形。图中人物着沙披衫子（心衣），内穿有襻带的裲裆、袙腹[2]。北齐不属于六朝范围，但是年代与南朝大致相当。南朝（420-589）是宋、齐、梁、陈，北朝（439-581）则包含北魏、东魏、西魏、北齐、北周。这一时期，南北政权对峙，朝代政权更替，故称南北朝。彼时文化、科技互有交流，服饰亦相互影响，前面章节说的褶裤就是一例。六朝中南朝的裲裆、心衣图像流传下来的寥寥无几，而北朝服饰在墓壁画、出土文物以及绘画中得以保存。

有人将袙腹解读为抹胸或肚兜，其实并不正确。肚兜与抹胸尽管都是内衣，但覆盖的位置有差别，抹胸侧重于胸乳，肚兜覆盖于胸与肚，袙腹则倾向于腹部。

六朝服饰开启隋唐服饰之风尚，从此时仕女露领服饰中，

---

[1] 〔唐〕房玄龄等撰：《晋书》，第1610页，北京：中华书局，2010年。
[2] 宗凤英：《中国织绣收藏鉴赏全集·织绣》，第40页，长沙：湖南美术出版社，2012年。

图 7-6 《北齐校书图》局部（摘自《中国人物画全集》）

设色绢本，纵 27.6 厘米，横 114 厘米，绘于北齐天宝七年（556）。《校书图》中表现的是盛夏季节校书的文人，脱掉了褒衣博带，只着沙披衫子（名为心衣，即汗衫），形制上类似后来女性的抹胸。此画传递出两个信息：第一，后世的女性抹胸来源于魏晋时期男子心衣；第二，当时的服饰风气开放，文人更能放得开，官场"别等级，明贵贱"的衣冠服制被抛于脑后，穿得舒坦自在，才是他们所追求的。

可以看出这样的趋向。无论是交领，还是圆领，因为领子开口比较大，颈脖部位裸露面积较多，其中低开口领甚至袒露了胸乳部。从服饰的发展变化规律中，我们不难看出唐人服饰袒胸露乳是时尚，而南北朝的低领装已开其先河。

三、竹林七贤的袒露装

魏晋南北朝时期玄学盛行，士人重清谈，个性上率性而动，想到什么，立马去做，追求的是做的过程，而不在乎结果。在

图7-7 刘伶袒露装（摘自《中国历代服饰》）

竹林七贤中行为举止最为荒诞的当为刘伶，《世说新语》记录了刘伶以天地为庐、把房屋当裤子的故事。六朝人褒衣博带有其不得已的苦衷，竹林七贤装疯卖傻，荒诞穿衣，何尝不是为了保护自己，为了避祸？正所谓"贾岛醉来非假倒，刘伶饮处不留零"。

这样的时代潮流影响下，社会上流行"褒衣博带"宽大的服饰，穿着上不拘礼节，把传统抛到脑后，最典型的行为就是衣裳穿戴随意，喜欢袒胸露背装。

《世说新语·任诞》记载了刘伶裸体见客的故事。"刘伶恒纵酒放达，或脱衣裸形在屋中，人见讥之。伶曰：'我以天地为栋宇，屋室为衣裤，诸君何为入我裤中？'"①以天为庐，以地为床，在自己的屋中，何须穿衣？我不穿衣裤，与你何干？更何况你跑到我的裤子里来干吗？连"褒衣博带"也省去了，何等的放达！

---

① 〔南朝·宋〕刘义庆撰，朱碧莲、沈海波译：《世说新语》，第334页，北京：中华书局，2015年。

据史料记载，刘伶、嵇康等文人，日常家居，或"乱项科头"，或"裸袒蹲夷"，甚至在会见客人时也穿着随便，以袒胸露脯为尚。饮酒时，不仅帽子不戴，衣服也不穿，借酒纵情，高谈阔论。

竹林七贤作为内衣外穿的典型，他们不仅有内衣外穿的行为，更有袒胸露背、裸体见客的癖好，纵情放达，无所顾忌，开创了有悖于传统礼教的裸露服饰风尚，社会不以裸露为耻，反视为名士风度，大加赞赏。尽管这种开创并不是有意识的所为，就礼仪来说也不宜倡导，但是客观上却是对内衣发展的促进。正是因为有名士文人的无形、无意、无为，才使内衣在六朝时期大放异彩，当时的人们，也在这种时代潮流中时髦了一把，凉爽了一夏。

第八章　高屋白纱显尊荣

——六朝的首服

所谓首服，就是加着于首（头部）的服饰，如冠帽、头巾之类。《汉书·元帝纪》李斐注曰："齐国旧有三服之官。春献冠帻緵为首服，纨素为冬服，轻绡为夏服，凡三。"颜师古注："齐三服官，李说是也。緵与緆同，音山尔反，即今之方目纱也。纨素，今之绢也。轻绡，今之轻纱也。"[①] 不仅说明了首服的名称，也交代了春、冬、夏三季首服所用的材料。

帽子，原称"头衣""元服"。"太元中，人不复著帩头。头者，元首，帩者，令发不垂，助元首为仪饰者也。"[②] 在冠出现以后，一般都是贵族戴冠，平民戴巾。冠的主要作用是固定发髻。冠的两旁有丝带，可在下颔处打结以固定。冠有多种，不同的冠往往对应戴冠者的不同身份。皇帝戴通天冠，皇子戴远游冠，文官戴进贤冠，执法官戴法冠，谒者戴高山冠，殿门卫士戴樊哙冠。

魏晋六朝沿袭汉制，略有革新。《晋书·舆服志》记载：皇帝祭祀明堂宗庙，用黑介帻、通天冠、平冕。王公、卿祭祀戴平冕，王公八旒，卿七旒。"天子备十二章，三公诸侯用山龙九章，九卿以下用华虫七章，皆具五采。"[③] 晋朝冠服主要有远游冠、缁布冠、进贤冠、武冠、高山冠、法冠、长冠等，与汉代冠基本相同。

巾，亦称头巾，为裹头的布帕，主要功能在于保暖和防护。巾本属庶民服饰，产生于劳动生产之中，后来亦用作区别官庶的一种标志。早期庶民用巾，兼作擦汗之用，一物两用。《玉

---

① 〔汉〕班固撰，〔唐〕颜师古注：《汉书》，第286页，北京：中华书局，2018年。
② 〔南朝·梁〕沈约撰：《宋书》，第883页，北京：中华书局，2006年。
③ 〔唐〕房玄龄等撰：《晋书》，第765页，北京：中华书局，2010年。

图 8-1 顾恺之《列女仁智图卷》中官吏冠帽
造型上是却非冠,上宽下窄,宫殿门官吏、仆射所戴。这里的仆射是掌管射箭之人,为侍卫主管之类,与后来的尚书仆射(副相)不同。

篇·巾部》:"巾,佩巾也,本以拭物,后人著之于头。"例如陕北农民的羊肚巾,擦拭兼裹头,即毛巾与头巾兼顾。巾初期色以青、黑为主,秦代称庶民为黔首,汉代称仆隶为苍头,均是根据头巾颜色而言。巾,通常以缣帛为之,裁为方形,长宽与布幅相当,使用时包裹发髻,系结于颅后或额前。男女皆可用之。

巾初始多施于庶民,汉代以来贵贱均可使用。东汉末年,普通人戴的头巾发生了变化,变为时髦的服饰,身居要职的官吏用来束缚头发。晋傅玄《傅子》:"汉末王公,多委王服,以幅巾为雅。是以袁绍、崔钧之徒,虽为将帅,皆著缣巾。"①

① 〔晋〕陈寿撰,〔南朝·宋〕裴松之注:《三国志》,第54页,北京:中华书局,2018年。

引起这种变化的原因有二：统治者带头的示范作用。如西汉后期元帝刘奭，因为额发丰厚，怕被人视为缺乏智慧，故用幅巾包首；王莽顶秃少发，便在戴冠前扎上一块头巾，以遮其丑。另一个原因，当时的士人不遵礼服，视戴冠为累赘，以扎巾为轻便，流风相煽，浸成习俗。南京西善桥出土的《竹林七贤与荣启期》砖印壁画，共绘八人，其中一人散发，三人梳髻，另外四人皆扎头巾，无一人戴冠。

第一节　男子首服款式渐多

六朝的冠服承继前代，《宋书·礼志五》记载："汉承秦制，冠有十三种，魏、晋以来，不尽施用。今志其施用者也。"[1] 说及汉代有委貌冠、建华冠、方山冠等冠十三种，笔者在论及汉代的冠时，列举的汉冠远不止十三种。[2] 对于汉代的冠，魏晋时期并未全部采纳，而是选择性使用。

汉代末期王公名士，弃冠用巾，袁绍、崔钧等人虽然贵为将帅，也喜欢戴缣巾。《傅玄子》云："魏武以天下凶荒，资财乏匮，拟古皮弁，裁缣帛以为帢，合乎简易随时之义。以色别其贵贱。本施军饰，非为国容也。通以为庆吊服。巾以葛为之，形如帢而横著之。古尊卑共服也。今国子、大学生冠之，服单衣，以为胡服。居士、野人，皆服巾焉。"[3]《晋书·舆服志》："帻者，古贱人不冠者之服也。"[4]《后汉书·舆服志》："古者有冠无帻，

---

① 〔南朝·梁〕沈约撰：《宋书》，第504页，北京：中华书局，2006年。
② 黄强：《汉代的冠》，刊《寻根》1996年第5期；转刊于《新华文摘》1997年第2期。
③ 吕思勉：《两晋南北朝史》，第1029页，上海：上海古籍出版社，2007年。
④ 〔唐〕房玄龄等撰：《晋书》，第770页，北京：中华书局，2010年。

其戴也，加首有颊，所以安物。故《诗》曰'有颊者弁'，此之谓也。三代之世，法制滋彰，下至战国，文武并用。秦雄诸侯，乃加其武将首饰为绛袙，以表贵贱，其后稍稍作颜题。汉兴，续其颜，却摞之，施巾连题，却覆之，今丧帻是其制也。名之曰帻。帻者，赜也，头首严赜也。至孝文，乃高颜题，续之为耳，崇其巾为屋，合后施收，上下群臣贵贱皆服之。文者长耳，武者短耳，称其冠也。尚书帻收，方三寸，名曰纳言，示以忠正，显近职也。迎气五郊，各加其色，从章服也。皂衣群吏春服青帻，立夏乃止，助微顺气，尊其方也。武吏常赤帻，成其威也。未冠童子帻无屋者，示未成人也。入学小童帻也句卷屋者，示尚幼少，未远冒也。"[1] 以上明确指出，戴帻（头巾）本是贫贱者即百姓所用，随着袁绍、王莽等贵族使用，帻不再局限于百姓，并且不分贵贱。又说官员春季戴青帻，武官戴红帻。

男子首服有各种巾、冠、帽。冠属于正规的，为官员等有地位人士所戴，中规中矩，官员们也习惯了，规范化执行。但是祭祀、上朝等礼仪性活动之后，燕居（在家）等私人日常活动中，总不能一直正襟危坐、不苟言笑吧？他们也需要轻松的时候。这些时候头巾最适合，于是便慢慢地由燕居推向社会。

汉代盛行的幅巾，在六朝流行于士庶之间。纶巾，原为幅巾的一种，又名诸葛巾。《三才图会·衣服一》："诸葛巾，此名纶巾，诸葛武侯尝服纶巾，执羽扇，指挥军事，正此巾也，因其人而名之。"[2] 此时，诸葛巾在官宦阶层中出现，盖因人们

---

① 〔南朝·宋〕范晔撰，〔唐〕李贤等注：《后汉书》，第 3670-3671 页，北京：中华书局，2018 年。
② 〔明〕王圻、王思义编集：《三才图会》影印本，第 1503 页，上海：上海古籍出版社，1993 年。

仰慕诸葛孔明的智慧，效仿一下，表示敬意。

在正规场合，官员们要显示出他们的官威，那就必须戴冠。冠一戴气氛就变了，变得严肃、威严，仿佛耳边响起衙役"威，威，威"的传唤声。漆纱笼冠，是集巾、冠之长而形成的一种首服，在魏晋时期最为流行。制作方法是在冠上用经纬稀疏而轻薄的黑色轻纱，上面涂漆水，使之高高立起，可以隐约看见里面的冠顶。东晋顾恺之《洛神赋图》中人物多位头戴漆纱笼冠。

委貌冠与远游冠在六朝依然存在。委貌冠始于商周，系贵族男子的礼冠，以黑色丝帛制成，长七寸，高四寸，上小下大，制如覆杯。"行大射礼于辟雍，公卿诸侯大夫行礼者"[1]，戴委貌冠。

远游冠，制如通天冠，晋代皇太子、诸王戴远游冠。《晋书·舆服志》云："皇太子金玺龟钮，朱黄绶，四采：赤、黄、缥、绀。给五时朝服、远游冠，介帻、翠緌。佩瑜玉，垂组。朱衣绛纱襮，皂缘白纱，其中衣白曲领。……诸王金玺龟钮，缥朱绶，四采：朱、黄、缥、绀。五时朝服，远游冠介帻，亦有三梁进贤冠。朱衣绛纱襮皂缘，中衣表素。革带，黑舄，佩山玄玉，垂组，大带。"[2]远游冠常与介帻搭配穿戴。

六朝的梁代有博山远游冠，即加有博山的远游冠。唐人段成式《西阳杂俎·梁正旦》记载：正旦之日（即夏历正月一日），东魏使者李同轨、陆提来到梁朝参加元正朝会，"凭黑漆曲几坐定，梁诸臣从西门入，著具服博山远游冠，缨末以翠羽、真

① 〔南朝·宋〕范晔撰，〔唐〕李贤等注：《后汉书》，第3665页，北京：中华书局，2018年。
② 〔唐〕房玄龄等撰：《晋书》，第773页，北京：中华书局，2010年。

图 8-2　顾恺之《洛神赋图》中笼冠

笼冠即武冠，晋朝侍臣与将军武冠所用。以漆纱为之，形如簸箕，使用时套在巾帻之上。

图 8-3　魏晋戴远游冠及武弁男子

远游冠系诸王的礼冠，因此，戴远游冠的男子身份是王，后面跟着的是侍卫。武弁即武将之冠，或称武冠、大冠。

珠为饰，双双佩带剑，黑舄”①。具服即朝服，博山远游冠是秦汉以后沿用的一种帽子，也称通梁，为诸王所戴礼冠。黑舄为一种加木底的双层底鞋。《南史·昭明太子传》记载：梁武帝天监"十四年正月朔旦，帝临轩，冠太子于太极殿。旧制太子著远游冠、金蝉翠绥缨，至是诏加金博山"②。

长冠为贵族祭祀宗庙所用冠，以竹皮为骨，外裱漆缅，冠顶扁而细长。《后汉书·舆服志下》记载："长冠，一曰斋冠，高七寸，广三寸，促漆缅为之，制如板，以竹为里。初，高祖微时，以竹皮为之，谓之刘氏冠，楚冠制也。"③ 因为以竹为制作材料，又称竹叶冠、竹皮冠。到了晋朝，不再使用竹子材料，只用漆缅制作。"天监三年（504），祠部郎沈宏议：'案竹叶冠，是高祖为亭长时所服，安可绵代为祭服哉？'"④

六朝时有一种，前低后高，中空如桥，因形小而得名小冠，又称平头帻。在小冠上加笼巾，称为笼冠；因为用黑漆细纱制成，也称漆纱笼冠。继小冠流行之后兴起的是高冠，常配宽衣大袖戴用。

帽子是南朝时兴起的，主要有金薄帽、帢、白纱高屋帽、黑帽、大帽、曲柄笠。冠、帽、巾三者是何种关系？《晋书·舆服志》说："帽名犹冠也，义取于蒙覆其首，其本缅也。古者冠无帻，冠下有缅，以缯为之。后世施帻于冠，因或裁缅为帽。

---

① 〔唐〕段成式撰，张仲裁译注：《酉阳杂俎》，第32页，北京：中华书局，2018年。

② 〔唐〕李延寿撰：《南史》，第1308页，北京：中华书局，2008年。

③ 〔南朝·宋〕范晔撰，〔唐〕李贤等注：《后汉书》，第3664页，北京：中华书局，2018年。

④ 〔唐〕魏征、令狐德棻撰：《隋书》，第234页，北京：中华书局，2016年。

图 8-4　六朝戴帽俑（南京六朝博物馆藏，黄强摄）
穿交领大袖衫，戴流行的小冠（平巾帻）。

图 8-5　牵骆驼人戴恰
甘肃嘉峪关晋魏晋六号墓壁画。恰就是锥形帽子，以缣布制作，本是普通男子便帽，因为简便，时人竞相效仿。

自乘舆宴居，下至庶人无爵者皆服之。"①

帕，又作帞，男子的便帽。形制尖顶无檐，前有缝隙。《世说新语·方正》："山公（山涛）大儿著短帕，车中倚。"②

金薄帽，以织金织物制作的帽子。齐废帝东昏侯"帝骑马从后，著织成袴褶，金薄帽，执七宝缚稍（同'槊'）。又有金银校具，锦绣诸帽数十种，各有名字。戎服急装缚裤，上著绛衫，以为常服，不变寒暑"③。

再有黑帽，以黑色布帛制成的帽子，多为仪卫所戴。还有大帽，也称"大裁帽"，一般有宽檐，帽顶可装插饰物，通常用于遮阳挡风④。

六朝人个性独特，甚至行为怪诞，其冠帽也体现出这种特点。造型特别的帽子有卷荷帽、曲柄笠。

卷荷帽也称莲叶帽，南北朝时期的一种便帽。形制圆顶、大檐，以藤篾为骨架，蒙以乌纱，因帽檐翻卷如荷叶而得名。《隋书·礼仪

图 8-6　南朝戴毡帽徒附俑（陕西历史博物馆藏）
1982 年陕西安康长岭乡出土，高 31.5 厘米。陶俑身着开领合衽宽袖衫，腰束宽带，下穿缚裤，足蹬靴，戴宽檐毡帽。

① 〔唐〕房玄龄等撰：《晋书》，第 771 页，北京：中华书局，2010 年。
② 〔南朝·宋〕刘义庆撰，朱碧莲、沈海波译：《世说新语》，第 120 页，北京：中华书局，2016 年。
③ 〔唐〕李延寿撰：《南史》，第 151 页，北京：中华书局，2008 年。
④ 华梅：《服饰与中国文化》，第 255 页，北京：人民出版社，2001 年。

图 8-7　戴卷荷帽的山涛（摘自《中国历代服饰泥塑》）
依据孙位《高逸图》制作。山涛宽衣博带，戴卷荷帽。山涛的卷荷帽形制与下图吹鼓手所戴卷荷帽及卷荷白纱帽都不同，帽为平顶，边檐如荷叶。

图 8-8　六朝戴卷荷帽的吹鼓手
河南邓县六朝墓出土画像砖。形制为圆顶，如同卷起的荷叶，普通人戴之称卷荷帽。帝王也有卷荷帽，形制上较普通卷荷帽皱褶更多。

志七》云："案宋、齐之间，天子宴私，著白高帽，士庶以乌，其制不定。或有卷荷，或有下裙，或有纱高屋，或有乌纱长耳。"① 河南邓州出土的南北朝彩色画像中有卷荷帽的形象，部曲吹鼓手戴的正是卷荷帽，形制为圆顶，中竖一缨，帽檐翻卷，形如荷叶②。白纱帽中也有形制如荷叶翻卷的，详见下文。

曲柄笠，笠上有柄，由而后垂，类似曲盖的形状。《世说新语·言语》记述："谢灵运好戴曲柄笠，孔隐士谓曰：'卿欲希心高远，何不能遗曲盖之貌？'谢答曰：'将不畏影者未能忘怀？'"③

第二节 通天冠、进贤冠与笼冠

通天冠也称通天，原为皇帝的礼冠，六朝时期用于郊祀（祭天，祀地）、礼明堂、朝会及燕会，相当于百官的朝冠。《后汉书·舆服志下》记载："通天冠，高九寸，正竖，顶少邪却，乃直下为铁卷梁，前有山，展筒为述，乘舆所常服。"④ 通天冠在秦朝时已经出现，历代相袭，汉代沿用秦制，重创新制，以铁为梁，正竖于顶，梁前以山、述为饰。自汉代以后，历代相袭，形制屡有变易。

晋代于冠前加金博山（礼冠上的装饰物，以金、银镂凿成

① 〔唐〕魏征、令狐德棻撰：《隋书》，第266页，北京：中华书局，2016年。
② 周汛、高春明：《中国历代服饰》，第75页，上海：学林出版社，1994年。
③ 〔南朝·宋〕刘义庆撰，朱碧莲、沈海波译：《世说新语》，第60页，北京：中华书局，2016年。
④ 〔南朝·宋〕范晔撰，〔唐〕李贤等注：《后汉书》，第3665-3666页，北京：中华书局，2018年。

山形，饰于冠额正中），南朝宋代、梁代冠下衬黑介帻。隋代于冠上附蝉，并施以珠翠等。通天冠的重要性逊色于冕冠，排在第二位。《通典·礼志四》记载："天子小朝会，服绛纱袍，通天金博山冠，斯即今朝之服次衮冕者也。"[①] "梁制，乘舆郊天、祀地、礼明堂、祠宗庙、元会临轩，则黑介帻，通天冠平冕，俗所谓平天冠者也。其制，玄表，朱绿里，广七寸，长尺二寸，加于通天冠上。前垂四寸，后垂三寸，前圆而后方。垂白玉珠，十有二旒，其长齐肩。"[②]

南朝朝会时，天子戴通天冠，黑介帻，着绛纱袍，皂缘中衣为朝服。晋、齐、梁时，通天冠前加金博山；齐太子用朱缨、翠羽绥（帽子上的缨子）；诸王则用玄缨，着朱衣绛纱袍，皂缘白纱中衣，白曲领为朝服。王者后及帝之兄弟、帝之子封郡王者也服之。

皇帝与百官皆戴进贤冠。进贤冠本为文官、儒士的礼冠，由缁布冠演变而来。因文官、儒生有向上引荐能人贤士之责，故名。进贤冠以铁丝、细纱为之，冠上缀梁，其冠前高后低，前柱倾斜，后柱垂直，戴时加于帻上。汉代以后历代相袭，其制不衰。六朝百官戴进贤冠，有五梁、三梁、二梁、一梁之别。唯人主用五梁；三公及封郡公县侯等三梁；卿大夫至千石为二梁；以下职官为一梁[③]。晋代时，皇帝也戴进贤冠，用五梁。

笼冠又称武冠，相传源于战国时期赵武灵王所服武冠。《晋书·舆服志》曰："武冠，一名武弁，一名大冠，一名繁冠，

---

① 〔唐〕杜佑撰，王文锦等点校：《通典》，第 1232 页，北京：中华书局，1992 年。

② 〔唐〕魏征、令狐德棻撰：《隋书》，第 215 页，北京：中华书局，2016 年。

③ 周锡保：《中国古代服饰史》，第 132 页，北京：中国戏剧出版社，1986 年。

图 8-9　漆纱笼冠展示图（摘自《中国历代服饰》）

又称武冠，武将所戴之冠。以漆纱为之，形如簸箕，使用时加在巾帻之上。

图 8-10　东晋蝉纹金珰（南京市博物馆总馆藏，黄强摄）

1998 年江苏南京仙鹤观高悝夫妇墓出土。顶部起尖，圆肩，平底，最宽处 5.2 厘米，底边宽 4.5 厘米，高 5.5 厘米。主体部分镂刻蝉纹，蝉翼舒展，头部两侧饰卷草纹边饰锯齿纹，镂空的线条上錾刻联珠纹。背部边缘有一周锯齿形卡扣。

图 8-11　蝉纹金珰位置示意图（黄沐天设色）

黄色部位即是金珰在冠上的位置。

图 8-12　南朝卷荷白纱帽（摘自《中国古代服饰史》。黄沐天设色）

多重皱褶，白纱为之。白色南朝时用于丧服，也作为内衣服饰，如中单、衫子服色，但是这一时期，白色也有特殊用法，用于纱帽，代表的身份就是帝王。

一名建冠，一名笼冠，即古之惠文冠，或曰赵惠文王所造，因以为名。亦云，惠者蟪也。"[1]笼冠以漆纱为之，形如簸箕，使用时加在巾帻之上。笼冠或曰武冠系皇帝左右近臣与诸军将领所服。侍中、常侍等近臣戴笼冠则加金珰，"附蝉为饰，插以貂毛，黄金为竿，侍中插左，常侍插右"[2]。1998 年，江苏南京仙鹤观东晋名臣高悝夫妇墓出土了一块金珰，其上刻有蝉纹。金珰与附蝉均为冠上的饰品，或称附蝉金珰，珰为金质，放置于冠的正前方。

第三节　尊崇白纱帽

六朝时，纱帽流行于上层社会，成为当时贵人的常用头衣。《隋书·礼仪志六》说梁代"帽，自天子下及士人，通冠之。

---

① 〔唐〕房玄龄等撰：《晋书》，第 767 页，北京：中华书局，2010 年。
② 同上书，第 768 页。

以白纱者，名高顶帽。皇太子在上省则乌纱，在永福省则白纱。又有缯皂杂纱为之，高屋下裙，盖无定准"①。说明纱帽的制作材料有乌纱、白纱和杂纱三种，上至天子、下至百姓都可以使用。

大概因为形制特别，白色又那么彰显，白纱帽受到六朝时期权力者的青睐，时人以白纱帽为尊，文臣武将都以佩戴白纱帽为荣。《南齐书·豫章文献王传》记载："宋元嘉世，诸王入斋阁，得白服裙帽见人主……（萧）嶷固辞不奉敕，唯车驾幸第，乃白服乌纱帽以侍宴焉。"②

然而，一旦白纱帽成为皇帝礼冠后，官员们再想戴白纱帽就不如以前自由了，因为属于僭越。六朝时期政权更替频繁，于中掌控重兵的权贵，时时觊觎皇帝头上的白纱帽，因为那是权力的象征，一有机会就篡权夺位。南齐高帝萧道成篡位时，手下人把白纱帽戴在他头上，以此表示他皇位在身。《资治通鉴·宋顺帝昇明元年》记载，南齐高帝萧道成夺取帝位时，王敬则"手取白纱帽加道成首，令即位"。胡三省注云："《五代志》：'帽自天下及士人通冠之，以白纱者，名高顶帽，皇太子在上省则乌纱，在永福则白纱。盖贵白纱也。'杜佑曰：宋制：黑帽缀紫襻，襻以缯为之，长四寸，广一寸，后制高屋白纱帽。"③这里王敬则把白纱帽戴到了萧道成头上，类似加冕的作用。《梁书·侯景传》亦记载了侯景篡位的情况，"自篡立后，时著白纱帽，而尚披青袍，或以牙梳插髻"④。

白纱帽几乎成为皇帝的专用品，甚至成为皇帝的一种标志。

① 〔唐〕魏征、令狐德棻撰：《隋书》，第235页，北京：中华书局，2016年。
② 〔南朝·梁〕萧子显撰：《南齐书》，第410页，北京：中华书局，2007年。
③ 〔宋〕司马光编著，〔元〕胡三省注：《资治通鉴》，第4270页，北京：中华书局，2011年。
④ 〔唐〕姚思廉撰：《梁书》，第862页，北京：中华书局，2008年。

图 8-13　陈文帝白纱帽
菱角巾（阎立本绘《历代
帝王像》）

陈文帝陈蒨是六朝陈代
第二位皇帝，从他在位
期间颁布的《禁奢丽诏》
《种麦诏》等也可看出
其务实、仁爱的治国态
度。白纱帽表示的是帝
王身份，菱角巾则是文
人身份，两者结合表现
的是陈文帝复杂的情
感。陈文帝是六朝时期
务实能干的皇帝，也有
忧国忧民情怀，然而天
不假年，因病去世，临
终遗言还要求丧事务必
节俭，不要奢侈浪费。

图 8-14　陈废帝白纱帽
（阎立本绘《历代帝王
像》）

与其父陈文帝相比，陈
废帝就相差太多，陈废
帝陈伯宗继位两年，就
被安成王陈顼推翻废
黜，不久病死，年仅 19
岁。白纱帽是六朝帝王
权位的象征，有野心、
大权在握的权贵觊觎白
纱帽，希冀取而代之。
戴上白纱帽的帝王的地
位也并不牢固，随时可
能从权力顶峰跌落。

后来大宋开国皇帝赵匡胤黄袍加身，是否就是学的萧道成、侯景白纱帽加冕？很相像。梁天监八年（509），乘舆宴会改服白纱帽，其原因就是白纱帽尊崇的地位。《南史·宋明帝本纪》："建安王休仁便称臣，奉引升西堂，登御坐。事出仓卒，上失履，跣，犹著乌纱帽，休仁呼主衣以白纱代之。"[①]

阎立本画《历代帝王像》时，陈文帝的形象头戴卷荷白纱帽，披皮裘，背后侍女梳双鬟髻，交领大袖衫，高齿履。这种帽子上尖下圆，从正面看有三道高梁，两侧有帽裙，还有卷曲向外翘着的帽翅。式样与《隋书·礼仪志》记载的白纱帽样子近似。

此外，白纱帽又有白纱高屋帽、白高帽、高屋帽等名称。《晋书·舆服志》说："江左时野人已著帽，人士往往而然，但其顶圆耳，后乃高其屋云。"[②]江左是地理概念，因长江在安徽境内向东北方向斜流，而以此段江为标准确定东西和左右。大致范围包括今江苏南京、安徽南部、江西东北部。白纱帽又有凤凰度三桥、反缚黄鹂、兔子度坑、山鹊归林等名目，它们是根据帽子的不同外形来命名的[③]。《南史·齐本纪下》记载："百姓皆著下屋白纱帽，而反裙覆顶。东昏曰：'裙应在下，今更在上，不祥。'命断之。于是百姓皆反裙向下，此服袄也。帽者首之所寄，今而向下，天意若日，元首方为猥贱乎。东昏又令左右作逐鹿帽，形甚窄狭，后果有逐鹿之事。东昏宫里又作散叛发，反髻根向后，百姓争学之，及东昏狂惑，天下散叛

①　〔唐〕李延寿撰：《南史》，第77页，北京：中华书局，2008年。
②　〔唐〕房玄龄等撰：《晋书》，第771页，北京：中华书局，2010年。
③　赵超：《霓赏羽衣——古代服饰文化》，第115页，南京：江苏古籍出版社，2002年。

图8-15　王羲之纱巾与冠（摘自《中国古代服饰史》。黄沐天设色）

王羲之做过官，历任秘书郎、宁远将军、江州刺史，后为会稽内史，领右将军。但是他却有洒脱豁达的个性，不拘礼俗，"坦腹东床"是他文人气质的典型表现，因此虽为官宦阶层，其性格与衣着更符合文人身份。

矣。东昏又举群小别立帽，骞其口而舒两翅，名曰'凤度三桥'。裙向后，总而结之，名曰'反缚黄丽'。东昏与刀敕之徒亲自著之，皆用金宝，凿以璧珰。又作著调帽，镂以金玉，间以孔翠，此皆天意。梁武帝旧宅在三桥，而'凤度'之名，凤翔之验也。'黄丽'者'皇离'，为日而反缚之，东昏戮死之应也。"①

第四节　隐士巾子与平民的帻

巾，是属于平民的头衣。张角起义军即头戴黄巾，因此称为黄巾军。正因为巾子属于平民，故而社会普及率很高，受众面广。巾子的名称与形制在魏晋、六朝时期有多种，有幅巾、

---

① 〔唐〕李延寿撰：《南史》，第160-161页，北京：中华书局，2008年。

白纶巾、葛巾、折角巾、菱角巾、白叠巾、白接䍦、鹿皮巾、乌纱巾（小乌巾）等。

魏晋时期战争频仍，时局动荡，许多人逃避现实，隐居山林。而隐士的服装，尤其是冠帽出现了多种，如云冕、露冕、鹿皮巾、角巾等。

由于一些隐士、燕居的士大夫，以及致仕的官员也戴巾，因而戴巾成为在野身份的一种象征。陶渊明的诗文很多读者都读过，挂印辞官不为五斗米折腰，高呼"归去来兮"，其洒脱的个性给读者留下很深的印象。其追求理想世界的《桃花源记》更是耳熟能详，让读者过目不忘。不受督邮刁难，辞去彭泽县令回归田园，如脱离樊笼的小鸟自由自在，那是陶渊明的潇洒。但是陶渊明为自由、为个性的洒脱，并不仅仅是一个"挂印辞官"的事例，他还有其他不拘一格、反抗礼俗的故事。陶潜隐居时常着巾，甚至在酒熟时，脱下头巾来漉酒（过滤酒中杂质），算

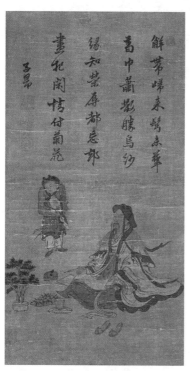

图8-16　赵孟頫绘陶渊明画像

陶渊明宽衫大袖，博带飘逸，戴巾，静坐，一派悠然闲情。"秋菊有佳色，裛露掇其英。泛此忘忧物，远我遗世情。一觞虽独尽，杯尽壶自倾。"陶渊明的超然，甚至可以将过滤酒的头巾再戴到头上，确实非一般隐士可比。

得上他另一个出格的举动吧。《宋书·陶潜传》记载："值其酒熟，取头上葛巾漉酒，毕，还复著之。"[①] 陶渊明头上戴的葛巾，就是六朝时隐士常用的头巾。

竹林七贤个性独特，穿衣超越，所戴巾帽也很特别。孙位绘《高逸图》与竹林七贤砖刻图，绘画风格有所不同，但是在表现竹林七贤的洒脱个性与任情不羁上则是一致的。图中，山涛抱膝而坐，着用带子结扣的帔子，戴乌纱卷裙帽。

云冕也是隐士冠冕的一种。晋陆机《幽人赋》："弹云冕以辞世，披霄褐而延伫。"六朝隐士也用鹿皮巾（一种用鹿皮做的巾子），又称鹿皮帽。陶弘景是六朝著名的隐士，有"山中宰相"之誉。《南史·陶弘景传》记载："（梁武）帝手敕招之，锡以鹿皮巾。后屡加礼聘，并不出。"[②]《南史·何尚之传》又说："大明二年，以为左光禄、开府仪同三司，侍中如故。尚之在家，常著鹿皮帽。及拜开府，天子临轩，百僚陪位，沈庆之于殿庭戏之曰：'今日何不著鹿皮冠？'"[③] 鹿皮巾（帽）本是隐士所戴，何尚之以隐士自居，却又出任官职，因此沈庆之以"鹿皮冠"来讥笑他。

庶民（百姓）的巾在六朝有不少。巾本来就是百姓的专用，随着士大夫、官吏的介入，巾不再专属百姓，而成为社会各界的新宠，有平巾帻、平上帻、纳言帻等。帻又称巾帻，是古代中国男子包裹鬈发、遮掩发髻的巾帕。《三国志·吴书》记载："（孙）坚常著赤罽帻，乃脱帻令亲近将祖茂著之。"[④] 赤帻为

---

① 〔南朝·梁〕沈约撰：《宋书》，第2288页，北京：中华书局，2006年。
② 〔唐〕李延寿撰：《南史》，第1899页，北京：中华书局，2008年。
③ 同上书，第784页。
④ 〔晋〕陈寿撰，〔南朝·宋〕裴松之注：《三国志》，第1096页，北京：中华书局，2018年。

红色头巾，在东汉、六朝时使用广泛，武士通常着赤帻，表示威仪。六朝宋代"又有赤帻，骑吏、武吏，乘舆鼓吹所服。救日蚀，文武官皆免冠，著赤帻，对朝服，示威武也"①。赤帻为红布的巾子，赤罽帻为红色毛织的巾子，类似棉帽，秋冬季使用。《晋书》中也有赤罽的记载，如"长公主赤罽軿车，驾两马。……公主油画安车，驾三，青交路，以紫绛罽軿车驾三为副，王太妃、三夫人亦如之"②。这里的赤罽是红色毛毡，与赤罽帻只是材料相同，是不同的物品。

图8-17　六朝戴平巾帻侍从（摘自《中国历代服饰》）
江苏南京小红山六朝墓出土。小冠与平巾帻是有区别的，冠有冠饰，有突起的硬质部分；帻则是巾，软质。

江苏南京石子岗东晋墓出土的六朝俑戴平巾帻，南京小红山出土六朝文官俑穿直襟袍、戴平上帻。纳言帻，六朝刘宋时期尚书官所戴之帻，其形后收，寓纳言之意，故名。《宋书·礼志五》："又有纳言帻，后收，又一重，方三寸。"③

文人儒生专用的角巾，又名折角巾。《隋书·礼仪志六》记载："巾，国子生服，白纱为之。晋太元中，国子生见祭酒博士，单衣，角巾，执经一卷，以

---

① 〔南朝·梁〕沈约撰：《宋书》，第504页，北京：中华书局，2006年。
② 〔唐〕房玄龄等撰：《晋书》，第763页，北京：中华书局，2010年。
③ 〔南朝·梁〕沈约撰：《宋书》，第504页，北京：中华书局，2006年。

代手版。"① 士人是中国一个独特的阶层，读书时是民，出仕则为官。汉代最高学府称太学，西晋则称国子学（唐宋时才称国子监），西晋武帝咸宁四年（278）初立国子学，这是中国古代教育史上在太学之外另立国子学之始。东晋在鸡笼山下建立建康太学，刘宋元嘉十五年（438），宋文帝在京师（今江苏南京）鸡笼山开国子学，聚徒百人教授。在万般皆下品、唯有读书高的封建社会，文人的清高与气节还是受到社会推崇的，包括文人儒生的服饰

图 8-18　魏晋策杖高士（摘自《中国历代服饰泥塑》）

依据南朝《斫琴图》人物制作，高士衣裳宽博，束腰垂带，洒脱飘逸，戴小冠束髻。

也受到关注。西晋开国元勋羊祜、东晋名相王导都曾表达过对角巾的向往。《晋书·羊祜传》："既定边事，当角巾东路，归故里，为容棺之墟。"②《世说新语·雅量》：王导说"我与元规（庾亮）虽俱王臣，本怀布衣之好，若其欲来，吾角巾径还乌衣，何所稍严！"③

　　白纶巾，也作白纶帽。谢安的弟弟谢万曾戴白纶巾。《世

① 〔唐〕魏征、令狐德棻撰：《隋书》，第 235 页，北京：中华书局，2016 年。
② 〔唐〕房玄龄等撰：《晋书》，第 1020 页，北京：中华书局，2010 年。
③ 〔南朝·宋〕刘义庆撰，朱碧莲、沈海波译：《世说新语》，第 146 页，北京：中华书局，2016 年。

说新语·简傲》："谢中郎（谢万）是王蓝田（王述）女婿，尝著白纶巾，肩舆径至扬州听事，见王。"[①]《晋书·谢安传》有云："简文帝作相，闻其名，召为抚军从事中郎。（谢）万著白纶巾，鹤氅裘，履版而前。……（谢）万尝衣白纶巾，乘平肩舆。"[②] 梁陈朝代文士贺德基"尝于白马寺前逢一妇人，容服甚盛，呼德基入寺门，脱白纶巾以赠之"[③]。这段记录传递两个信息：其一，妇人也可用白纶巾；其二，可以白纶巾做礼物赠送他人。六朝时期不仅有白纶巾，还有染成紫色的紫纶巾。《晋书·石季龙上》："季龙常以女骑一千为卤簿，皆著紫纶巾、熟锦袴、金银镂带、五文织成靴，游于戏马观。"[④]

接䍦，义作白接䍦，也称白鹭缭，是一种始于晋代的巾子，多为白色，以白鹭之羽做成。通常为士人所戴，因其洁净。《晋书·山涛传》云："简（山涛之子）每出嬉游，多之池上，置酒辄醉，名之曰高阳池。时有童儿歌：'山公出何许，往至高阳池。日夕倒载归，酩酊无所知，时时能骑马，倒着白接䍦。'"[⑤]《世说新语·任诞》也记载了山季伦的此则逸事。

布巾，是魏晋以后服丧时所戴头巾，属于丧服。《宋书·礼志四》："魏时会丧及使者吊祭，用博士杜希议，皆去玄冠，加以布巾。"[⑥] 平头巾，即平巾帻。梁武帝《河中之水歌》："珊瑚挂镜烂生光，平头奴子提履箱。"

① 〔南朝·宋〕刘义庆撰，朱碧莲、沈海波译：《世说新语》，第356页，北京：中华书局，2016年。
② 〔唐〕房玄龄等撰：《晋书》，第2086页，北京：中华书局，2010年。
③ 〔唐〕姚思廉撰：《陈书》，第442页，北京：中华书局，2008年。
④ 〔唐〕房玄龄等撰：《晋书》，第2777-2778页，北京：中华书局，2010年。
⑤ 同上书，第1229-1230页。
⑥ 〔南朝·梁〕沈约撰：《宋书》，第485页，北京：中华书局，2006年。

图 8-19 戴巾的阮咸
（摘自《中国历代服饰泥塑》）
阮咸（生卒年不详）系竹林七贤之一。阮咸精通音律，善弹琵琶。依据江苏南京西善桥竹林七贤砖刻画制作的泥塑阮咸形象，盘腿坐于毡子上，着大袖衫，大袖披于肩上，右臂外露，头上戴巾，巾高于额上。六朝时期的巾就是高士、隐士的象征性服饰。

　　幞头在此时出现，丰富了巾、帻的品种。幞头以三尺皂绢或罗向后裹发，有四带，二带系于脑后垂下，二带反系头上，令曲折附项。其制源于东汉的幅巾。陆游《老学庵笔记》卷九："《孙策传》，张津常著绛帕头。帕头者，巾帻之类，犹今言幞头也。"[1] 对于幞头，大家印象最深的大概是宋代的幞头，在宋代幞头流行甚广，社会普遍使用。但是幞头的产生可远溯到东汉，到北周武帝时做了改进，裁出脚后幞发，始名"幞头"。《资治通鉴·陈宣帝太建十年》："甲戌，周主初服常冠，以皂纱全幅向后襆发，仍裁为四脚。"[2]

　　六朝时期，不仅男子戴巾，女性也戴，有六朝墓出土俑

---

① 〔宋〕陆游撰，杨立英校注：《老学庵笔记》，第 309 页，西安：三秦出版社，2003 年。
② 〔宋〕司马光编著，〔元〕胡三省注：《资治通鉴》，第 5489 页，北京：中华书局，2011 年。

佐证。例如南京石子岗出土的东晋女俑，穿长方领窄袖束腰连衣裙，发上加巾子。南京幕府山出土的南朝女俑，穿窄袖长方领紧身短衫、长裙，梳十字大髻加巾子。由此说明巾子在六朝时期的受欢迎程度。

第九章　高髻步摇皆风流

——六朝的发饰

六朝是个社会动荡的时期，面对短促的生命，人们迸发出对生命凋零的无奈，以及渴望生命的强烈欲望，因此六朝人摆脱世俗礼教的约束，个性得以彰显，思想得以解放。具体到行为上，表现为及时行乐，以及对物欲享受的追求。生命诚可贵，自由价更高。对容貌美的欣赏，对人的个性、风度的推崇，使得六朝的发髻（发饰）有了很大的发展。

第一节　妇女发髻多种多样

六朝时期思想开放，个性彰显，为六朝女性提供了追求美丽、展示美感的空间，无论是宫中的生活，还是民间的交往，都是女性展露风情、吸引眼球的绝好舞台。六朝时期的妇女发式，呈现出花样百出、争奇斗艳的状态。

一、发髻的名称

关于发髻样式，魏朝有反绾髻、百花髻、芙蓉归云髻、涵烟髻、灵蛇髻；晋代有缬子髻、堕马髻、流苏髻、翠眉惊鹤髻（一作峨眉惊鹄髻）、芙蓉髻；宋代有飞天髻，梁代有回心髻、归真髻、郁葱髻，陈代有凌云髻、随云髻、盘桓髻等[①]。

三国魏朝的发髻，时间段虽然与六朝的东吴对应，但是却不属于六朝史的范围，因此在本章中不做叙述。本章只选择对六朝发髻有影响，以及六朝时期存在、流行的发髻做阐述，如灵蛇髻虽起源于魏国内宫，但是在东晋顾恺之《洛神赋图》中有所反映，因此灵蛇髻属于六朝服饰介绍的发髻。

---

① 张承宗：《六朝民俗》，第 74 页，南京：南京出版社，2004 年。

图 9-1 顾恺之绘
《洛神赋图》之高髻
图中人物有灵蛇髻，
也有双环髻等多种
高髻。

　　倭堕髻，由堕马髻演变而来。其形制集发于顶，挽成发髻，下垂于一侧。晋代崔豹《古今注》说："堕马髻，今无复作者。倭堕髻，一云堕马之余形。"①也就是说，堕马髻，到晋代时已经没有了，由堕马髻演变出来的倭堕髻，在此时流行，可以说是堕马髻的余形。南朝徐伯阳《日出东南隅》有云："罗敷妆粉能佳丽，镜前新梳倭堕髻。"倭堕髻，在年轻妇女中间比较盛行，流行于汉魏时期。从出土的文物看，北魏的泥塑有此发髻，由此可推论，倭堕髻在六朝时期的南朝与北朝均有存在②。倭堕髻的形制还延续到隋唐以后，其俗不衰。

　　缬子髻，亦称撷子紒、颉子紒。形制为编发为环，以色带

① 〔晋〕崔豹撰，焦杰校点：《古今注》，第 16 页，沈阳：辽宁教育出版社，1998 年。

② 周汛、高春明主编：《中国衣冠服饰大辞典》，第 333 页，上海：上海辞书出版社，1996 年。

图9-2 高句丽壁画中的杂裾垂臂妇女与缬子髻（摘自《中国历代服饰》）
图中女子发式流行于朝鲜地区，时间与魏晋六朝相近，由中国传到朝鲜地区。

图9-3 麦积山石窟北魏比丘螺髻（摘自《中国古代服饰研究》。黄沐天设色）
螺髻的名称很形象，如同一个螺形。北朝信奉佛教，佛发多作绀青色，长一丈二，向右盘旋，呈螺形，比丘曾经梳螺髻，人们崇佛，也效仿比丘将头发梳成螺髻。六朝的螺髻与北魏螺髻相同。

束之。由内宫女性创制，后逐渐普及于民间。《晋书·五行志》记载："惠帝元康中，妇人之饰有五兵佩，又以金银玳瑁之属，为斧钺戈戟，以当笄。……是时妇人结发者既成，以缯急束其环，名曰撷子紒。始自宫中，天下化之。其后贾后废害太子之应也。"①《晋纪》称撷子紒由贾后创制，多不可信，其创制者应当是为贾后以及宫中嫔妃们梳理服务的劳动者——宫女们。

螺髻，亦称螺蛳髻，形制如螺壳而得名。初为孩童发式，亦谓螺结，其形似螺壳，唐代以后，螺髻为成年妇女采用②。北朝因迷信佛教，据传说，佛发多作绀青色，长一丈二，向右萦旋，作成螺形，因流行螺髻，不少人把头发梳成种种螺式髻。麦积山塑像、河南龙门、巩县北魏北齐石刻进香人宫廷妇女头上，即有这种螺髻③。

盘桓髻，形制为梳挽时将发掠至头顶，合为一束，盘旋成髻，远望如层层叠云。始于汉代，盛行于六朝，沿袭至隋唐。五代马缟《中华古今注》云："长安妇女好为盘桓髻，到于今其法不绝。"④六朝时的盘桓髻陶俑与壁画，尚未见到，在安徽亳州隋墓出土的陶俑中，我们可以见到盘桓髻的形制——一团头发编成辫子盘在头顶。

① 〔唐〕房玄龄等撰：《晋书》，第 824 页，北京：中华书局，2010 年。
② 周汛、高春明主编：《中国衣冠服饰大辞典》，第 336 页，上海：上海辞书出版社，1996 年。
③ 沈从文：《中国历代服饰研究》（增订本），第 62 页，上海：上海书店出版社，1997 年。
④ 〔五代〕马缟撰，李成甲校点：《中华古今注》，第 21 页，沈阳：辽宁教育出版社，1998 年。

二、宫廷中的发髻

相对于世俗社会，宫廷也是一个小社会。相对封闭的环境，宫女单调的生活，也让她们于对服饰、化妆、发式有着特别的兴趣与关注，乃至产生独特的创造。宫廷中的发髻主要有回心髻、归真髻、秦罗髻、罗光髻、随云髻等。

太平髻是晋代妃、嫔行礼时所梳的一种发髻。《晋书·舆服志》记载："贵人、贵嫔、夫人助蚕，服纯缥为上与下，皆深衣制。太平髻，七钿蔽髻，黑玳瑁，又加簪珥。"又"长公主、公主见会，太平髻，七钿蔽髻。其长公主得有步摇，皆有簪珥，衣服同制"[①]。

飞天髻，又作飞天紒，是一种高髻。南朝宋文帝时宫娥创制，形制为梳挽时将发掠至头顶，分成数股，每股弯成圆环，直耸于上。

南朝梁武帝天监年间宫女中流行回心髻、归真髻、郁葱髻。回心髻形制为发盘旋于顶，呈高耸状。归真髻，仅存名称，形制不详。郁葱髻，形制推测为发呈蓬松状，如树木郁郁葱葱。五代马缟《中华古今注》记载："梁天监中，武帝诏宫人梳回心髻、归真髻，作白妆青黛眉，有忽郁髻。"[②]

秦罗髻，也称罗敷髻。语出汉乐府《孔雀东南飞》"东家有贤女，自名秦罗敷"，《陌上桑》中也有"秦氏有好女，自名为罗敷"。在汉乐府中秦罗敷并非具体的某位女性，而是泛指美丽的女性。由美丽女子到漂亮发式的代称，"秦罗髻"很难说有什么具体的形制，大致上美丽的发型都可以统称秦罗髻。

① 〔唐〕房玄龄等撰：《晋书》，第774页，北京：中华书局，2010年。
② 〔五代〕马缟撰，李成甲校点：《中华古今注》，第20页，沈阳：辽宁教育出版社，1998年。

图9-4 飞天髻（摘自《中国历代化妆史》）
1957年河南邓县南朝墓出土壁画。飞天髻始创于宫娥，流及民间。

南朝梁简文帝萧纲《倡妇怨情诗十二首》曰："仿佛帘中出，妖丽特非常。耻学秦罗髻，羞为楼上妆。"这种描写都是泛指，并没有具体的形制。

罗光髻，相传始于梁代宫中，唐代段成式《髻鬟品》云："梁宫有罗光髻。"从名称上推测，发式当梳理得整洁有光泽。

随云髻，相传始于南朝陈代宫中。段成式《髻鬟品》云："陈宫有随云髻。"宇文氏《妆台记》亦云："陈宫中梳随云髻，即晕妆。"从名称上可以想象出，这种发式造型高大浓密，属于高髻一类。

六朝时期的发式，尤其是高髻，主要诞生于宫内。这与宫深似海，日常生活单调，与外界接触少有关系。嫔妃为获得皇帝的宠爱，宫女为消遣时光，在发式与妆饰上发挥创造性，标新立异，创造出高耸如云、飘逸洒脱的奇异发饰，借此一展风采，彰显美丽。

三、少女童子发髻

不仅服饰可以区别阶层、年龄，发式同样可以区别不同年龄段的群体，虽然没有服饰那么严格，但是大致上还是可以分为少女、成年、老年。过去在一些地区，不同的发式还有未婚与已婚的区别。

少女发髻中有双髻和发覆额的造型。双髻的造型是将头发从正中分开成两股，先在头顶两侧各梳成一个结，然后将发的两端梳成环状，并将发梢编入耳后发中。阎立本作《历代帝王像》，陈文帝旁边的两个侍女，着宽袖衣，下束裙，作双鬟髻。

双鬟髻在造型上也有区别，双鬟虽然同垂于耳旁，但是形态上有所变化，一是头上有两个发髻，鬟角垂发形成两股辫发，另一种头上无发髻，鬟角形成一块垂于耳旁[①]。双髻或双鬟髻显

图9-5　陈文帝侍女双鬟髻（摘自《中国历代服饰泥塑》）
双鬟髻是年轻女子喜好的发式，俏丽的风格也适合年轻女孩。从皇帝身边的侍女装束分析，双鬟髻也是先流行于宫中，后渐渐流及民间。

① 周锡保：《中国古代服饰史》，第165页，北京：中国戏剧出版社，1986年。

得年轻活力，多为少女梳理，也有少妇梳理，中年以上女性则很少见。陈后主陈叔宝《三妇艳词十一首》有云："小妇初两鬟，含娇新脸红。"害羞的少妇，年纪轻轻，刚刚从少女转换为小妇人，脸上尚未脱去稚气，还梳着两鬟，这发式与她的年龄、身份倒是吻合。左思《娇女》也云："我家有娇女，皎皎颇白皙。小字为纨素，口齿自清历。鬓发覆广额，双耳似连璧。"少女的发式，鬓角留得长长的，垂在额头做妆饰。

两丸鬟，又称丸鬟，是一种圆形发髻，形制上梳理成两个，左右各一，形似小丸，故名。两丸鬟显得俏皮，多为童子与年轻女子所用，但是也不能一概而论，成年男性也有梳着这种发式的，竹林七贤砖刻画中的王戎就梳两丸鬟。

四、假髻的出现

上述的发髻都是用辫发梳理出来，然后盘成若干造型，属于真发髻。借助材料，与真发编织而成的，属于假髻。《晋中兴书》说："太元中，妇女必缓鬓假髻以为盛饰，用发丰多，不可恒戴，乃先于木笼上装之，名曰假髻，或名假头。"女性以戴假发为美，而且戴假髻成为她们的时尚之举。《诗经》中有"鬒发如云，不屑髢也"，晋代诗人陶渊明的先祖陶侃的母亲，曾剪掉自己的头发，做成双髢卖给人家换酒待客。髢就是假发。可见当时有人收购辫发，用于制作假发，兜售给有需要的人，他们从中赢利。家庭贫寒的人家，女性如果辫发长了，可以剪下来，换点钱财。20 世纪 50 年代至 90 年代，都有女孩卖掉一头长发换点钱的情况。假发如果做得高大，那就是高髻。

宜春髻，一种形制如燕子的发髻。梁代宗懔《荆楚岁时记》记载："立春之日，悉剪彩为燕以戴之，……帖'宜春'二字。"

图 9-6　六朝妇女假髻（摘自《中国历代服饰》）

古代没有发胶等定型产品，只好用木头或金属丝，将头发盘成各种造型，制作上远比现在难度大。但是爱美之心，促使她们不断地创造，女性为扮美不遗余力。

旧俗，立春之时，妇女剪彩做燕子形状，簪戴于发髻之上，并在发髻上贴"宜春"二字，以示迎春。

假髻不仅南朝有，北朝也有。相传北朝宫中就出现过一种名为飞髻的假髻，以假发编成，状如飞鸟之翼，高逾尺。今天我们看 T 台展演、发型发布会上模特高耸的夸张发式，以为是今人的创造，其实采用夸张的发型古已有之。

图 9-7　南朝梳蝉鬓妇女（摘自《中国历代妇女妆饰》）

江苏南京市郊六朝墓出土。梳妆时将鬓发朝两面展开，形如蒲扇。

第二节　高髻流行遍及民间

自两晋以来，南方妇女的发式渐趋高大，社会时尚以高发髻为美。《晋书·五行志》："太元中，公主妇女必缓鬓倾髻，以为盛饰。用发既多，不可恒戴，乃先于木及笼上装之，名曰假髻，或名假头。至于贫家，不能自办，自号无头，就人借头。"[1]妇女用自己头发梳理的发髻，仍然达不到社会时尚推崇的高耸发髻，就借助木笼，做成高大的假发髻。按照周锡保先生的说法，这种假发、假髻、借头，相当于今天戏剧中的"假头套"套在木头上，但是比假头套要高大[2]。

在晋代流行一种高大的发髻——飞天紒。《宋书·五行志一》记载："宋文帝元嘉六年，民间妇人结发者，三分发，抽其鬟直向上，谓之'飞天紒'。始自东府，流被民庶。"[3]周锡保先生认为，"此像虽出自北方，当是受南族的影响所及"[4]。对于这种高髻，庾信《春赋》有云："钗朵多而讶重，髻鬟高而畏风。"高大的发髻在头顶上形成一个巨大的高耸的盘结，造型奇特，而且在头上顶一个巨大的发髻，可以衬托出身材的修长，有很强烈的视觉效果。从服饰的流变来说，清代旗人女子头梳牟拉翅发型，形成高峨的发髻造型，脚蹬花盆底鞋子，显示出穿着者的亭亭玉立，笔者以为从产生的造型效果与视觉冲击来看，两者是相同的。据此，或可推测满族旗人的牟拉翅发型，

---

[1] 〔唐〕房玄龄等撰：《晋书》，第826页，北京：中华书局，2010年。
[2] 周锡保：《中国古代服饰史》，第156页，北京：中国戏剧出版社，1986年。
[3] 〔南朝·梁〕沈约撰：《宋书》，第890页，北京：中华书局，2006年。
[4] 周锡保：《中国古代服饰史》，第163页，北京：中国戏剧出版社，1986年。

曾经受到过南朝飞天紒高髻的影响。此外，这种发型在现代模特走秀上也能看到。

鸦髻，因发式如同展翅欲飞的雏鸦而得名。与其他高耸的发式不同，这种发式不仅高，而且展示面大，鬓发梳理时向两侧扩展。也有一种说法认为，出土的陶俑头部造型并不完整，而是断裂的残品，但是至今尚未找到类似这陶俑破损的顶部发型残件，也没有相似的绘画、砖刻佐证。

灵蛇髻，也是晋代女性的一种高髻。顾恺之《洛神赋图》中就描绘了灵蛇髻。梳理时将发掠至头顶，编成一股、双股或多股，然后盘成各种环形。因为发式扭转自如，如同游蛇蜿蜒蟠曲，十分灵动，故名。灵蛇髻始于三国时期，传说为魏文帝皇后甄氏创制。《采兰杂志》记载："甄后既

图9-8　南朝梳鸦髻妇女（摘自《中国历代名物考》）
江苏南京西善桥六朝墓出土。鬓发展开，呈蒲扇状。发髻高耸，两边梳理成尖状，这也是有学者认为陶俑发髻断裂的理由，类似的陶俑在已出土的六朝俑中很少见。学者认为六朝发式向高大方向发展，顶端应呈圆形状或直线状或环状，才便于梳理与造型。如此尖锐状，不符合技术要求，六朝时没有发胶来定型，借助木头可以竖立高髻，但发梢尖锐状无法实现。

图 9-9 《洛神赋图》
梳灵蛇髻妇女形象
（摘自《中国历代妇
女妆饰》）
灵蛇髻是象形发髻，
受绿蛇灵动启发而创
制，形制上分为两种，
图中辫发盘起、形成
环状是一种。

图 9-10 直线状灵蛇
髻（黄沐天临摹、设
色）
这是灵蛇髻的另一种
造型，呈直线状。

入魏宫，宫廷有一绿蛇。……每日后梳妆，则盘结一髻于后前。后异之，因效而为髻，巧夺天工。故后髻每日不同，号为灵蛇髻。宫人拟之，十不得其一二。"灵蛇髻在形制上呈现为两种，一种是《洛神赋图》中头发编成多股，形成环形的；也有编成一股，呈直线状的。后来的飞天髻，便由灵蛇髻演变而来[1]。

芙蓉髻，一种高髻，形制为集发于顶，编发为圆髻，上插簪钗即五色花钿，因形似芙蓉（荷花）而得名。南朝无名氏《读曲歌》云："花钗芙蓉髻，双鬓如浮云。"

丫髻，类似双丸髻，又不相同。丫髻也是圆形发髻，形制梳理成两个，左右各一，但是竖立起来的两个发髻不是小丸，而是顶部又展开蓬松，如同蘑菇伞。常州博物馆将馆藏南朝画像砖中的侍女发型命名为双蝴蝶髻，因其形制类似蝴蝶。不过关于蝴蝶髻的说法并不广，服饰史专家更多倾向称呼为丫髻。

双环髻，先将头发梳成辫子，绕成一个或多个环形，在发根部位形成球状，如双丸髻的丸。这个球状的部位应该是加入了辅助材料，才能形成圆球。

六朝时期还有横髻，在陕西安康长岭乡南朝墓出土陶俑中就出现了梳横髻的女立俑。安康在南北朝时期属于南北文化交汇之地，墓中陶俑既有中原文化特点，又有南方文化特点。该女俑的身份为徒附，即从事侍奉主人、打扫庭院、采桑纺织、庖厨烹饪等劳作的下人[2]。何以出现横髻这种在此前的发髻中尚未出现过的发式？以笔者陋见，一方面发髻是女性为了显露风采的一个表现，六朝出现高髻，尤其在内宫出现，就是为了让

[1] 李秀莲：《中国化妆史概说》，第33页，北京：中国纺织出版社，2000年。
[2] 冀东山主编：《神韵与辉煌——陕西历史博物馆国宝鉴赏·陶俑卷》，第73页，西安：三秦出版社，2006年。

图 9-11　南朝双丫髻侍女画像
砖（常州博物馆藏）
长 32.2 厘米，宽 16.2 厘米，厚
3.8 厘米。发式为左右两个凸起
的发辫，呈蘑菇伞状。侍女脸
部饱满，穿宽袖开襟衫，露颈，
脚蹬云头履。手持如意或拂尘。

图 9-12　南朝双丫髻侍女画像
（常州博物馆藏）
长 32.2 厘米，宽 16.5 厘米，厚 3.8
厘米。梳高耸的双丫髻，穿宽袖
开襟衫，露颈，脚蹬云头履。左
手下垂，右手作拈花状。

图 9-13　六朝梳丫鬟的侍女（摘自
《中国历代妇女妆饰》）
江苏常州戚家村六朝墓出土画像砖。
丫鬟名称来自发式，古代女性未成年
时，头发编成两个小辫（小髻），左
右各一，如同树枝丫，故名丫头，又
称丫髻、丫鬟。丫髻并不只是六朝有，
还流传至唐宋。江苏邗江唐墓、四川
洪雅宋墓都出土过梳丫髻的陶俑。

图 9-14 南朝仕女双环髻（摘自《中国古代服饰研究》。黄沐天设色）

从大分类上讲，双环髻、双丸髻都可划入丫髻，都是顶上梳两个小髻，在髻的形状上有所不同。双环髻的小髻部分类似双丸髻，也是一个圆丸，但是辫发又伸展出去，形成一个环状。

图 9-15 南朝彩绘横髻女立俑（陕西历史博物馆藏）

1982 年陕西安康长岭乡红光村南朝墓出土，高 23 厘米。女俑头挽横发髻，以珠带束扎。身着开领对衽窄袖短衫，下束高腰长裙。女俑身份为徒附，是伺候主人的劳动人群。横髻凸显，大概还有身份识别的功能，如同宋代《东京梦华录》中商贩穿制服便于管理一样。

高耸的发髻先声夺人，给人留下深刻印象；另一方面，从事侍奉劳作的下人，梳理高髻多有不便，因为梳理起来既耗时间又耗材料，劳动起来很不方便，于是萌生出横髻的创意，将高耸的发髻改换到头部一侧，同样可起到标新立异、夺人眼球的效果，而且梳理起来又简单得多。再则，横髻凸显，大概还有身份识别的功能这一点。与宋代《东京梦华录》中商家以服饰区别身份的作用相同。当然，以上说法并没有文字的证明，只是笔者的推测。

这里要说明一下髻与鬟的区别：髻是实的，而鬟是虚空的，即假髻。但是发式的名称并不严格按照实与空的概念来命名，比如飞天紒（髻）、鸦髻的梳理需要借助木头等辅助材料，头发内部也是空的，但是并没有命名为飞天鬟、鸦鬟。

在这一时期的绘画以及出土的陶俑、画像砖中，记录了六朝时期的发髻。顾恺之《女史箴图》不仅绘出了当时汉族贵妇

图 9-16　南朝高髻俑（南京六朝博物馆藏，黄强摄）
六朝的高髻有多种，这是其中的一种。鬟发与高髻的结合，鬟发部分与十字大髻相似，顶端发式又与环髻近似。

图 9-17　东晋窄袖短袄长裙十字大髻妇女（摘自《中国历代妇女妆饰》）

江苏南京幕府山东晋墓出土。此发髻比较夸张，头发部分不仅盘桓于顶，形成"一"字，又向两鬓垂下发丝，与上部发形形成"艹"字状，被称为十字大髻。

的服装，而且对发髻也有所表现。在这幅名作中，我们可以找到至少两种发髻：1. 梳高髻，头上戴金枝花钗。穿广袖襦，拖地长裙，腰间有腰袱，绅带长垂。2. 梳双堕髻，顶插金枝花钗，穿襦衫。下着红双裙，系于衣外，绅带长垂[①]。

通过对南京地区出土的南朝陶俑进行观察，我们可以对比六朝发髻的状况。幕府山出土的南朝女俑穿窄袖方长领紧身短衫，长裙，头上梳着十字大髻加巾子。而西善桥出土的六朝墓陶俑，身穿交领宽袖连衣裙，头上做鸦鬟高髻。由此我们可以得出两个结论：一则说明六朝时期南京地区出现过高髻，并且

---

①　黄能馥、陈娟娟编著：《中国服装史》，第 135 页，北京：中国旅游出版社，1995 年。

图9-18　河南邓县南朝女子高髻出游画像砖

出游女子共四位，前面两位是贵族女性，梳高髻，如同顶着一朵盛开的鲜花；后两位女子是侍女，也是高髻，开两叉，如弯曲的羊角。

人们使用的频率比例高；二则说明当时女子发髻中流行十字大髻和鸦鬓高髻。

六朝江苏以外地区的情况又如何呢？河南邓县南朝墓葬画像砖上，有女子梳高髻出游的图像。图中两位时尚女子，头梳高髻，上身着宽袖长衣，外束半袖，腰系宽带，下身着长裙。[①]后面也跟着两位女子，服饰相同，发式不同。这是六朝时期南朝女性的时尚装扮。前后女子发髻不同，身份也不同。

第三节　男子发式逊色女子

在中国古代社会，男性占统治地位，在漫长的封建社会，男子的服饰远远胜于女子服饰，无论是质地，还是款式、形制，

---

① 　赵超：《中华衣冠五千年》，第89页，香港：中华书局（香港）有限公司，1990年。

男服都要比女服丰富华贵。红色、绯色、紫色、绿色等鲜艳的色彩,曾经是男服的主要色彩,官服以品色(也就是服色)来区别品秩的高低。男服中的佩饰、装饰就更多了。

六朝时期的服饰,男服仍然比女服复杂、讲究,但是六朝时期的发式,男子的远不如女子多样。当时男子的发式主要有永嘉老姥髻、解散髻、双丫髻等。

永嘉老姥髻,相传因始于晋代永嘉年间而得名。梁代陶弘景《冥通纪》记载:"从者十二人:二人提裙,做两髻,髻如永嘉老姥髻。"① 这里的老姥髻,具体造型说得并不明白,只是与两髻有关,据其他资料,此髻宽根垂至额前。

解散髻,《南史》也作解散帻,是一种用于儒生的发髻。此髻相传为南朝王俭所创,在南朝时颇为流行,朝野上下,竞相效仿。《南齐书·王俭传》记载:"作解散髻,斜插帻簪,朝野慕之,相与仿效。"②

双丫髻又称双髻、双角髻、两髻。六朝的人率性而动,不受世俗礼教约束,大人有时也梳双丫髻。《竹林七贤图》中所绘包括荣启期(历史上的高士)在内共八人,其中荣启期散发,山涛、阮咸、向秀戴巾,嵇康、阮籍、刘伶就梳着这种发髻,和《北齐校书图》中坐胡床的男子相同。③《世说新语·企羡》说:"王丞相拜司空,桓廷尉作两髻、葛裙、策杖,路边窥之。"④ 可见双丫髻在当时颇为流行。

① 周汛、高春明主编:《中国衣冠服饰大辞典》,第335页,上海:上海辞书出版社,1996年。
② 〔南朝·梁〕萧子显撰:《南齐书》,第436页,北京:中华书局,2007年。
③ 沈从文:《中国历代服饰研究》(增订本),第62页,上海:上海书店出版社,1997年。
④ 〔南朝·宋〕刘义庆、朱碧莲、沈海波译:《世说新语》,第280页,北京:中华书局,2015年。

图 9-19 王戎梳双丫髻
（摘自《中国历代服饰泥
塑》）
在竹林七贤图像中，梳双
丫髻的有三人。本来双丫
髻是孩童所用，几位名士
毫不避讳，其意在表现天
真与自由。

老姥髻是两髻，双丫髻也是两髻。这里需要说明，称双髻、双角髻、两髻，多指男子发髻。称双丫髻多指女子发髻。但是也有两髻指少女发髻的，如南朝陈后主陈叔宝《三妇艳词十一首》："小妇初两髻，含娇新脸红。"

第四节　步摇名称及其形制

六朝时期发髻上的装饰物有步摇、花钿、簪、钗、镊子。簪钗之物，贵族妇女用金、玉、翡翠、玳瑁、琥珀、珠宝等材质，贫者则用银、铜、骨之类的材质。

一、步摇的名称来源

步摇，又称金步摇，中古时期傅玄《有女篇》中就有"头安金步摇，耳系明月珰，珠环约素腕，翠爵垂鲜光"，那么究竟什么是步摇呢？明人王三聘《古今事物考》云："尧舜以铜为笄，舜加首饰，杂以象牙、玳瑁为之。文王髻上加珠翠翘花，傅之铅粉。其高髻名凤髻，加之步步而摇，故以步摇名之。

图9-20　顾恺之绘《女史箴图》中的
步摇（黄沐天设色）

在金博山状的基座上安装缭绕的桂
枝，枝上串有白珠，并饰以鸟雀和花
朵。戴上步摇的女性走起路来，一步
三颤，摇曳生姿。

又《释名》云：首饰、副。其上有垂珠。步则摇也。"① 说明了步摇名称的来源。因为戴上这种高髻，走动时发髻颤动（摇动），一步一摇，颇为形象。

戴步摇具有一步一颤的动态，以及由此伴生的媚态与美感，因此受到古人的推崇，所谓步步莲花，步步摇曳，步步媚态，步步风情②。梁时范靖妇在《咏步摇花》中说："珠华紫翡翠，宝叶间金琼。剪荷不似制，为花如自生。低枝拂绣领，微步动瑶瑛。但令云髻插，蛾眉本易成。"

二、步摇的形制

步摇并非魏晋时期的产物，根据史籍记载，东汉时期就出现了步摇。关于步摇形制，《后汉书·舆服志》曰："步摇以黄金为山题，贯白珠为桂枝相缪，一爵九华，熊、虎、赤黑、

① 〔明〕王三聘辑：《古今事物考》（影印本），第125页，上海：上海书店，1987年。

② 周锡保：《中国古代服饰史》，第156页，北京：中国戏剧出版社，1986年。

天鹿、辟邪、南山丰大特六兽，《诗》所谓'副筓六珈'者。诸爵兽皆以翡翠为毛羽。金题，白珠珰绕，以翡翠为华云。"①孙机先生考证："步摇应是在金博山状的基座上安装缭绕的桂枝，枝上串有白珠，并饰以鸟雀和花朵。"孙机先生进一步推测，步摇的形制有两种可能："一种是在六兽中间装五簇桂枝；另一种则以二兽为一组，当中各装一簇，共装三簇桂枝。但无论装多少簇，既然枝上缀有花朵，则还应配上叶子，花或叶子大概能够摇动。"②汉代之后的步摇与魏晋时期步摇形制接近，与六朝以降的步

图 9-21 顾恺之绘《女史箴图》中的步摇

步摇分为头饰部分与两侧下垂部分，加有两侧展膀，再悬挂垂珠的步摇，展示面更大。当然，这样的佩戴方式，只适合宫内的漫步，身边还需要几位侍女伺候，否则一摇三摆，就不是很方便了。

摇有所不同。根据孙机先生的推测，汉代步摇顶上有动物造型的基座，在基座上插入桂枝，配上叶子和花朵，有顶上开花的感觉。六朝时期的魏晋两朝流行步摇，贵族妇女都以顶戴步摇为荣，摇曳生姿的姿态与仪容，同魏晋彰显个性、突出才情的时代风尚是吻合的。又根据顾恺之《女史箴图》中步摇的形象，

---

① 〔南朝·宋〕范晔撰，〔唐〕李贤等注：《后汉书》，第 3676-3677 页，北京：中华书局，2018 年。

② 孙机：《中国圣火——中国古文物与东西文化交流中的若干问题》，第 87 页，沈阳：辽宁教育出版社，1996 年。

图 9-22　西晋鹿首金步摇冠（内蒙古博物院藏）
内蒙古包头市达茂旗西河子窖藏出土。高 18.2 厘米，宽 12 厘米。顶部伸出三支主干的鹿角，每枝杈上缀一片桃形金叶。

可以看出步摇皆以两件为一套，垂直地插在发前。底部有基座，其上伸出弯曲的枝条，有些枝头还栖息着小鸟[①]。

　　步摇出现于东汉，盛行于魏晋，流传至隋唐五代。五代时期的《花间集》和《尊前集》中录选的词也有说到步摇的。如"步摇珠翠修蛾敛，腻鬟云染"（毛熙震《后庭花》其二）；"拢鬟新收玉步摇，背灯初解绣裙腰，枕寒衾冷异香焦"（韩偓《浣溪沙》其一）。

　　步摇不仅受到汉族女性的欢迎，还传布到少数民族地区，

---

①　孙机：《中国圣火——中国古文物与东西文化交流中的若干问题》，第 88 页，沈阳：辽宁教育出版社，1996 年。

受到当地妇女的青睐。魏晋时期的步摇迄今尚无出土实物，不过其形制在《女史箴图》中已有形象的表现。南北时期之后的十六国出土过几件步摇，可以与魏晋时期的步摇做一比较。辽宁北票房身村 2 号前燕墓出土的金步摇有一大一小两种，大的基座上有 16 根枝条，枝上系金叶 30 余片；小的基座上有 12 个枝条，枝上系金叶 27 片。内蒙古乌兰察布盟达茂旗西河子出土金步摇两套共四件，基座分为马面型、牛面型两种，马面基座插的枝上系金叶 9 片，牛面基座插的枝上系金叶 14 片[①]。此外，后世的步摇造型顶端带着垂珠的花钗，与魏晋时期的步摇有所不同。

第五节　簪子与钗

簪是用于贯发的实用器，兼有美观作用，男女通用。古人蓄发戴冠，发簪必不可少。六朝时高髻盛行，飘逸的发髻，需要借助发簪来固定造型并美化，更要用到簪子等物。《南齐书·王俭传》："（王俭）作解散髻，斜插帻簪，朝野慕之，相与仿效。"[②]

六朝人时常将头上的簪子与脚上的鞋履并称。徐铉《和萧少卿见庆新居》云："簪履尚应怜故物，稻粱空自愧华池。"大概簪子与鞋履可以彰显个性。《南史·虞玩之传》：（齐高帝）"赐以新屐，（虞）玩之不受。帝问其故，答曰：'今日之赐，

①　孙机：《中国圣火——中国古文物与东西文化交流中的若干问题》，第 88 页，沈阳：辽宁教育出版社，1996 年。
②　〔南朝·梁〕萧子显撰：《南齐书》，第 436 页，北京：中华书局，2007 年。

图9-23 六朝东吴葫芦形金簪（摘自《金色中国》）

长7.5厘米，重4克。金簪上部为葫芦造型，做工细致。能够使用这样的金簪，非富即贵。

图9-24 南朝象牙簪（南京六朝博物馆藏，黄强摄）

南京栖霞灵山大浦塘出土。六朝发簪有象牙、玉等不同材质的。

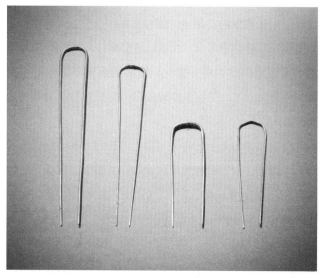

图9-25 南朝金钗（南京六朝博物馆藏，黄强摄）

六朝时期，金银材料用于簪钗并不普遍，到了隋唐才是金银器盛行的时期。六朝时期的簪钗大部分造型简单，尚达不到精致、精湛的标准。

图 9-26 泥塑《高逸图》中两童子（摘自《中国历代服饰泥塑》）

根据孙位《高逸图》制作的泥塑，两童子为山涛的侍童，梳双丫髻。

恩华俱重，但著簪弊席，复不可遗，所以不敢当。'"① 韦庄《同旧韵》云："既闻留缟带，讵肯掷著簪。"虞玩之对皇帝所赐鞋履不感兴趣，念念不忘的却是簪子，似乎不合时宜、不识抬举。但是六朝人就是这样，一方面，这是他们真性情的自然流露，另一方面，可见六朝人对顶上姿采远比足下风流要重视得多。

概括起来，六朝时女性发型出现高髻与假发，这是一种创意，也是一种创造。她们创造出一种全新的发型，将美的创意落实到发型上，并且借助木头、发套，使顶上姿采风光无限，对于后世元代的姑姑冠、清代的奉拉翅都产生了深远的影响。六朝的中心在南京，六朝的创意发型始于南京，从这个方面也可以说，南京地区的服饰、发饰，当年由南京辐射到中原地区，甚至北方地区，向中华服饰贡献了它的创意因子，这是南京人与南京文化对中华传统服饰的贡献。

---

① 〔唐〕李延寿撰：《南史》，第 1178 页，北京：中华书局，2008 年。

第十章 半额长蛾梅花妆

——六朝的妆饰

六朝人思想解放，注重个性，王子猷率性而动，阮籍白眼示人，嵇康广陵一曲，都是对于个性追求的生动体现。六朝服饰的"褒衣博带"，乃因为吃药后不得已的苦衷，并进而形成了飘逸的社会风尚。同样，在妆饰上，六朝女性表现自我、展露风采，也产生了许多标新立异的做法。主观上的表现，客观上的创造，丰富了六朝时的妆饰，不仅扮靓了自己，也为六朝时的女性留下了光彩的一页。

第一节　面妆艳丽

对于女性而言，脸是最重要的，要想吸引异性并获得垂青，脸的作用很大。美不美，先在脸，俏不俏，看眉毛。汉乐府《陌上桑》写罗敷之美，"行者见罗敷，下担捋髭须。少年见罗敷，脱帽著帩头。耕者忘其犁，锄者忘其锄。来归相怨怒，但坐观罗敷"。虽然这里没有直接描写罗敷的美丽，却通过行者、少年、耕者、锄者的反应，来衬托她的容貌之美。

关于女性之美，有天生丽质一词，正如李白所云："清水出芙蓉，天然去雕饰。"但是再美的女性也绝对不会满足以天然的姿色去展示自己，乡野村妇没有接触过繁华的世界，也没有化妆品可用，只好面朝黄土，满足现状。地处繁华都市里的官宦妻妾、大户小姐，身在高墙深宫中的后宫娘娘、嫔妃宫女，面对奢华生活的诱惑，又如何会素面朝天呢？她们需要装扮，在天生丽质的基础上装扮，以显得更美更靓更有魅力，让君王垂青，使自己受到宠幸。

涂脂抹粉是女性常用的妆饰手段，早在战国时期，女性就已经使用妆饰了。《战国策·楚策三》云："彼郑、周之女，

图 10-1　顾恺之《女史箴图》
中梳妆场景

《女史箴图》描绘汉魏时期女
范事迹，对上层妇女梳妆装扮
等日常生活有细腻的描绘，真
实而生动地再现了贵族妇女的
娇柔、矜持，无论身姿、仪
态、服饰都合乎她们的身份和
个性。侍女为贵妇理发整容，
辫发拟做成高髻。镜台前面一
排器物是粉盒、黛石等套具。

粉白黛黑。"①《楚辞·大招》曰："粉白黛黑，施芳泽只。"②

　　早期的化妆手段主要是脸部增白涂粉，所谓一白遮三丑。
所用材料主要是米粉和胡粉，前者是把米粒研碎再加入香料，
后者是糊状的面脂，俗称胡粉，又因加入了铅的成分，又称铅
粉③。女性在妆饰实践中发现，米粉可增白，胡粉可扮艳，因此
往往用米粉打底、胡粉提亮，而能让胡粉提升效果的则是胭脂。

　　胭脂本作燕支。晋代崔豹《古今注》云："燕支，叶似蓟，
花似蒲公，出西方。土人以染，名为燕支，中国亦谓之红蓝。
以染粉为妇人色，谓为燕支粉。今人以重绛为燕支，非燕支花

---

① 何建章注释：《战国策注释》，第 602 页，北京：中华书局，2019 年。
② 林家骊译注：《楚辞》，第 233 页，北京：中华书局，2012 年。
③ 周汛、高春明：《中国历代妇女妆饰》，第 118 页，上海：学林出版社、
　　三联书店（香港）有限公司，1991 年。

所染也，燕支花自为红蓝耳。"[1] 燕支出自中国西北地区匈奴人居住地，那里有燕支山，生长着燕支花。匈奴女性使用燕支花的汁来妆饰，唐代张泌《妆楼记》说："燕支，染粉为妇人色，古匈奴名妻阏氏，言可爱如燕支也。"在燕支中加入牛髓、猪脂等物质，成为脂膏，燕支就演变成了胭脂。制作胭脂的技术，在六朝的东晋已经成熟，以菊科植物红蓝（即红花）来制作，去掉黄汁，制成红的液体，蘸丝绵、花片等阴干即成胭脂[2]。胭脂的制作成功，为六朝时期的妆饰创造了物质条件，孕育了丰富多彩的妆饰文化。

魏晋六朝时期的女性脸部妆饰有酒晕妆、桃花妆、飞霞妆、晓霞妆、面靥妆、半面妆、斜红妆、啼妆、红妆、紫妆、点妆、额黄、花钿等多种。

图 10-2　顾恺之《女史箴图》中对镜化妆（黄沐天临摹、设色）

《木兰辞》中有"当窗理云鬓，对镜贴花黄"的诗句，说的是经济状况较好人家女孩的对镜化妆，否则没有铜镜来梳妆，只能临水梳理。《女史箴图》表现的是宫廷生活，妃子们才有镜子比照，对镜着妆。梁武陵王《明君词》云："谁堪览明镜，持许照红妆。"

---

① 〔晋〕崔豹撰，焦杰校点：《古今注》，第15页，沈阳：辽宁教育出版社，1998年。
② 高春明：《中国服饰名物考》，第345页，上海：上海文化出版社，2001年。

六朝之前，女性妆饰并不多，主要集中在头部发式和珠宝装饰上，脸部妆饰很简单，这主要是受到化妆品匮乏的制约。在胭脂没有进入中原地区前，可以用来勾勒脸部的材料太少，只有淡淡的白粉与黛色，黑白两色怎么能够把脸庞勾画得妩媚呢？等到鲜艳的胭脂传入中原以后，与白粉、黛色一搭配，就变化出姿采，修饰出靓丽。

女性先在脸上傅粉，再将燕支（胭脂）放在手心调匀，涂抹在两颊上，白里透红，与众不同。颜色浓的是酒晕妆，颜色浅的是桃花妆。若在脸上先抹了一层薄薄的燕支，再以白粉扑在上面，粉里透着白，就是飞霞妆①。

魏文帝时，宫女薛夜来创立类似血痕的晓霞妆。据传，宫女薛夜来得魏文帝宠幸，某日魏文帝在水晶屏风后看书，薛夜来一不留神，面部撞到了屏风，在治疗中，

薛夜来

图 10-3　薛夜来（黄沐天设色）
薛夜来即薛灵芸，正史中没有薛夜来的记录，在东晋王嘉志怪小说《拾遗记》中薛夜来是魏文帝曹丕的宫人，精于针工，宫中号为针神。并且出现在《太平广记》《艳异编》等文献中，成为中国古代美女的经典形象。

---

① 李秀莲：《中国化妆史概说》，第35页，北京：中国纺织出版社，2000年。

太医使用的药物中琥珀屑较多，伤口愈合后留下红色的痕迹。原本以为会破相损色，但是没想到因祸得福，红色让其脸颊红润，稍加妆饰，更加动人。宫女纷纷效仿，因损伤而来的伤痕反而成了时尚之妆[1]。晓霞妆到了唐代演变成为特殊的妆饰——斜红。

位于酒窝处的妆饰，称面靥，也称妆靥。由来是三国吴国南阳王孙和与妻子邓夫人嬉戏误伤而化妆的故事。《拾遗志》记载："孙和悦邓夫人，常置膝上。（孙）和于月下舞水精如意，误伤夫人颊，血流污裤，娇

图 10-4　邓夫人（黄沐天设色）
东吴大帝孙权之子南阳王孙和的妃子。《拾遗记》《情史类略》都有邓夫人的故事，但是《三国志》中没有关于邓夫人的记录，可以推测邓夫人并不存在，或者是其他嫔妃托名的。邓夫人的姓名之所以彰显，在于其创立妆饰的传奇性。

妵弥苦。"太医采用水獭骨髓与玉屑混合的药膏治疗，但是由于"琥珀太多，及差而有赤点如朱，逼而视之，更益其妍"[2]。由于药膏里加入的琥珀屑过量，涂抹后脸上留下红色痕迹，但是这个疤痕别有韵味，衬托得邓夫人更加美艳，众婢妾效仿，称为面靥妆。晓霞妆与面靥妆的来源很近似，不免有牵强附会

---

① 刘悦：《女性化妆史话》，第 13 页，天津：百花文艺出版社，2005 年。
② 〔东晋〕王嘉撰，王兴芬译注：《拾遗记》，第 304 页，北京：中华书局，2019 年。

之说。查《三国志·吴书》"嫔妃传"与"孙和传"，其实并无邓夫人这个人物，可见邓夫人发明面靥妆只是传说，创意人是谁已经不重要了，客观上六朝东吴有面靥妆的存在，并受到女性追捧。

半面妆始于梁朝后宫，为梁元帝萧绎妃子徐昭佩所创。《南史·梁元帝徐妃传》云："（元帝妃）以帝眇一目，每知帝将至，必为半面妆以俟，帝见则大怒而出。"[①] 这位徐妃就是成语徐娘半老的主角，出身名门，系梁朝将军徐琨的女儿，美丽出众，个性上也是独行独立，因此才敢化半面妆（只化半个脸的妆），戏弄"独眼龙"的梁元帝，理由是皇帝一只眼，只能看到半面的妆饰。半面妆确实大胆，也就徐妃才敢这么做，故而无法推广。

啼妆也是一种夸张的妆饰，以白粉敷底，再用油膏在眼下点妆，如一滴泪痕，形成令人怜悯的效果。啼妆首创者为汉桓帝朝大将军梁冀妻子孙寿。《后汉书·梁冀传》："（孙）寿色美而善为妖态，作愁眉，啼妆，堕马髻，折腰步，龋齿笑，以为媚惑。"[②] "以为媚惑"是孙寿创制啼妆的动机，也是她所希望达到的效果。这些女性主要是宫中嫔妃、官宦贵妇，为了争宠，她们竞相效仿啼妆，流布至六朝。梁元帝《代旧姬有怨》说："怨黛舒还敛，啼妆拭更垂。"

魏宫还有仙娥妆，由魏武帝曹操创制，主要特点在眉毛相连[③]，因为不属于六朝范围，这里不再说明。

---

① 〔唐〕李延寿撰：《南史》，第341页，北京：中华书局，2008年。
② 〔南朝·宋〕范晔撰，〔唐〕李贤等注：《后汉书》，第1180页，北京：中华书局，2018年。
③ 刘悦：《女性化妆史话》，第36页，天津：百花文艺出版社，2005年。

上面提及的飞霞妆、晓霞妆、面靥妆、半面妆，是从妆饰的造型上划分的；从色彩上分，则有红妆、白妆、紫妆、墨妆；从部位分，又有额黄、花钿。

红妆即红粉妆，以胭脂、红粉涂抹脸部。红妆在秦汉时期已经出现，魏晋六朝时得以发挥，颇为流行，这一时期的诗歌对红妆多有反映，如《木兰辞》云："阿姊闻妹来，当户理红妆。"南朝齐谢朓《赠王主簿》云："日落窗中坐，红妆好颜色。"女性着红妆符合其性别身份，能够展现出女性的妖娆。梁简文帝《美人晨妆》亦云："娇羞不肯出，犹言妆未成。青黛随眉广，胭脂逐脸生。"施了胭脂红妆的女性更加妩媚动人。后世用红妆指代女性的诗词很多，如宋代周密《齐东野语》："蓤末转清商，溪声供夕凉。缓传杯，催唤红妆。"[1] 清代洪昇《长生殿》："马嵬驿，六军不发，断送红妆。"[2] 红妆的涂抹方式有两种："一种先施白粉，然后再敷以胭脂；一种先用胭脂打底，然后再罩以白粉。尽管妆饰手法不一，但胭脂的地位多集中在腮部，故双颊均呈红色，而额头、鼻梁及下颔部分则露出白色，与檀晕妆相异。中国传统人物画在描绘仕女脸面时有留'三白'之法，即从这种面妆发展而来。"[3]

白妆，以白粉傅面，不用胭脂。在胭脂匮乏的时期，用白色增加脸面的白皙是常见的方法。五代马缟《中华古今注》曰："梁天监中，武帝诏宫人梳回心髻、归真髻，做白妆青黛眉，

① 〔宋〕周密撰，张茂鹏点校：《齐东野语》，第181页，北京：中华书局，1983年。

② 〔清〕洪昇著，徐朔方校注：《长生殿》，第1页，北京：人民文学出版社，2019年。

③ 高春明：《中国服饰名物考》，第359页，上海：上海文化出版社，2001年。

有忽郁鬐。"^①淡施粉黛，最能表现天生丽质的美丽，面容皎洁本如梨花，纯净无瑕不染纤尘。

紫色在古代属于高贵之色，隋唐以后的品官服色制度，将紫色、红色、绯色定为高级服色，只有高官才允许穿紫带红，所谓"满朝朱紫贵，尽是读书人"。但是妆饰用红色较多，用紫色很少。六朝时出现了紫妆。魏文帝宠幸的宫女段巧笑，"以锦衣丝履，作紫粉拂面"。

墨妆，以黛色饰面，不施脂粉。墨妆出自北周（后周），本不是六朝的妆饰，但其对应的时代是六朝，故可归入魏晋南北朝时期的妆饰范围。《隋书·五行志上》记载：后周大象元年"朝士不得佩绶，妇人墨妆黄眉"^②。墨妆出现于北方民族并非偶然，北方民族民风彪悍，崇武，女性也受到影响，加上物质条件的匮乏，女性妆饰受到条件制约，但是爱美之心人皆有之，女性就地取材以杉木灰炭磨研成粉，施于眉毛和额部，强化了眉毛与脸部的妆饰。

额头部位的妆饰有额黄与花钿。

东汉时，佛教传入中原，到了魏晋南北朝，佛教颇为盛行。佛教的盛行有其社会背景，"为了躲避战争、屠杀，人民离开家乡，北方的迁往南方，南方的搬到北方，战争推动民族迁徙。国际交通频繁，中国人走出去，外国人走进来，必然带来外来文化与本土文化的碰撞、交流，使佛教有了入主中土的间隙"。"南朝的玄学已经颓败，统治作用弱化，佛教弥补了玄学在统

---

① 〔五代〕马缟撰，李成甲校点：《中华古今注》，第 20 页，沈阳：辽宁教育出版社，1998 年。

② 〔唐〕魏征、令狐德棻撰：《隋书》，第 630 页，北京：中华书局，2016 年。

治上的不足，因此佛教自然成为统治者统辖人民的一种思想，成为他们的精神支柱。"①

受佛教影响，此时的女性流行在额头涂黄。额头涂黄的方法有两种：染画与粘贴。前者用画笔蘸上黄色染料涂抹在额上，将整个额头都涂满，或者也可根据个人喜好，只涂上面或下面的一部分，涂好之后，再用清水做成晕染状。第二种方法是用黄色染料制成的薄片（纸、锦、绸罗、云母片、蝉翼、蜻蜓翅、金皆可）蘸胶水，粘在额上，这就是粘贴。由于薄片可以剪成各色花样，又称花黄。梁代江洪《咏歌姬》云："薄鬓约微黄，轻红淡铅脸。"梁代简文帝萧纲的后宫嫔妃盛行作额黄妆，简文帝每天所见，印象深刻，因此在他的诗歌中屡有反映，如《美女篇》云："约黄能效月，裁金巧作星。"《戏赠丽人》云："同安鬟里拨，异作额间黄。"

这些薄片除了染成金黄，也有的染成霁红或翠绿等色，剪作花、鸟、鱼等形，粘贴于额头、酒靥、嘴角、鬓边等处，成为面饰的一种，因贴的部位不同，形状色泽不同，又有花胜、罗胜、翠钿、金钿等名称。

《木兰辞》中有"当众理云鬓，对镜贴花黄"的诗句，"花黄"究竟是什么？有的观点倾向于就是额黄妆，也有人对此持否定的观点。"严格说来，贴花黄已脱离了额黄的范畴，更多地接近花钿的妆饰，只因同属额间黄色饰物。"②前面已经说明，额黄妆有两种，一是染色，二是贴黄，后者与花钿近似，但是贴的是染黄的薄片，仍然属于额黄妆的范畴，至于花钿所贴饰品，

---

① 黄强：《走进佛门》，第23-24页，南京：凤凰出版社，2011年。
② 李芽：《脂粉春秋——中国历代妆饰》，第85页，北京：中国纺织出版社，2016年。

色彩较之花黄更丰富。

梅花妆，相传由南朝宋武帝女儿寿阳公主发明。寿阳公主某次卧于含章殿下，殿前的梅树被风吹落一朵梅花，不偏不倚正落在公主额上，用手拂之不去，三日之后才洗落，额上留下染成五瓣花的形状，这种妆便称梅花妆。又因此妆发明者系寿阳公主，故又称寿阳妆。宫中女子觉得寿阳公主的额头妆新奇，纷纷效仿，在额上画出梅花瓣形状，或以梅花瓣的饰品粘贴在额上。五

图 10-5　寿阳公主创梅花妆（黄沐天设色）
梅花妆的创制或许受花瓣掉落启发，首创者未必是寿阳公主，多半为宫女。大概寿阳公主青睐梅花妆，身体力行，全力推广，为人们熟知。

代前蜀牛峤《红蔷薇》"若缀寿阳公主额，六宫争肯学梅妆"，说的就是这种时尚潮流。花钿薄片有红、绿、黄三种颜色，以红色为最多，到了唐代更为盛行。

花钿是古时妇女脸上的一种花饰，又称花子。有的观点认为梅花妆即为花钿，其实并不准确。寿阳公主的梅花妆确有与花钿相似之处，即在额上化出花瓣妆或用花瓣饰品贴在额上。等到花钿使用金属材质后，花钿分为两种：无脚花钿与有脚花钿。前者与梅花妆接近，以薄片饰品贴额上。后者则是花钿金属材质，连接上短柄，插到发髻上，成为发簪。考古发现，两晋时期已经出现薄片饰品与连短柄的这两种花钿，江苏南京北

图 10-6　晋代金质花钿（摘自《中国服饰名物考》。黄沐天设色）
晋墓出土实物，薄金片，贴于额上。花钿材质不同，色调不同，相比较
画出的花钿，金花钿金光灿烂，高雅、华贵，但是不如画出的花钿，形
状上更生动，并且图案、色彩多变化。

郊、郭家山、幕府山、中华门外南山顶等多处晋墓出土了金质
花钿实物，薄片花瓣形花钿与有短柄的鸡心形花钿都有①。梁朝
庾肩吾《冬晓诗》："萦鬟起照镜，谁忍插花钿。"注意诗中
说的是"插花钿"，而不是贴花钿，也不是"对镜贴花黄"的
行为。南朝徐陵《玉台新咏·序》也有"反插金钿"之语。寿
阳公主的时代是六朝宋代，在六朝东晋之后，所以说花钿来源
于梅花妆就属于以讹传讹了。

　　点妆，亦来自宫中。当宫中嫔妃因为月事不能临幸时，却
不方便说出，女官便在其脸上用红色的丹点上一个记号，不列
入侍奉名单。可见，点妆本不是妆饰，只是一个标记，后传到
民间演变为女性的妆饰，逐渐流行起来。

　　概括起来，六朝的妆饰特点是艳丽、花哨、多变、奇特，
可见六朝女子对于时尚的审美标准发生了变异。

---

① 　高春明：《中国服饰名物考》，第 150-151 页，上海：上海文化出版社，
2001 年。

第二节　眉妆之美

东汉元嘉年间（公元151—153年），广大妇女又恢复了画长眉的习俗。《后汉书·五行志》记："桓帝元嘉中，京都妇女做愁眉、啼妆、堕马髻、折腰步、龋齿笑。所谓愁眉者，细而曲折。啼妆者，薄拭目下，若啼处。堕马髻者，作一边。折腰步者，足不在体下。龋齿笑者，若齿痛，乐不欣欣。"[1] 所谓愁眉，是一种长眉，它的式样与西汉时期的八字眉相似，将眉毛画得细长、弯曲，眉梢耷拉，似皱眉及愁苦哭泣状。一般来说，妆眉要美，以喜气、喜庆为主，何以作愁哭状？是否乐极生悲，以示警戒？还

图 10-7　南朝捧奁侍女画像砖（常州博物馆藏）

长 32.2 厘米，宽 16.5 厘米，厚 3.8 厘米。侍女梳双环髻，发髻下垂。上身穿开领宽袖短衫，露臂，有束腰。下身着曳地长裙。双手捧奁，送给小姐或贵妇化妆用。

是物极必反，反其道而行之？这只是笔者推测的原因。不过，后世形容女子发愁，谓"愁蛾紧锁"，其实是从这里引申出来的。

---

[1]　〔南朝·宋〕范晔撰，〔唐〕李贤等注：《后汉书》，第 3271-3272 页，北京：中华书局，2018 年。

三国时期，倡导画眉以魏武帝曹操为领袖。唐代宇文氏《妆台记》称魏武帝曹操"令宫人画青黛眉，连头眉。一画连心甚长，人谓之仙娥妆。齐梁间多效之"①。历史上的曹操，是位杰出的政治家，也是一位颇具才气的诗人，文学造诣很深。他同时也颇为好色，因为他的喜好，妆眉艺术得到了鼓励和发扬。传说袁绍儿媳甄氏美貌绝伦，曹公早有纳妾之意，但是曹军攻克邺城之后，曹丕先行一步，抢了曹操头功，曹公只好作罢。甄氏曾是袁绍之子袁熙媳妇，后被曹操长子曹丕纳入后宫，史书上对此有记载。《三国志·文昭甄皇后传》记载："建安中，袁绍为中子（袁）熙纳之。（袁）熙出为幽州，后留养姑。及冀州平，文帝纳后于邺（城），有宠，生明帝及东乡公主。"②至于曹操与曹丕争夺甄氏，只是野史记录，未必可信。曹操政治开明，实行屯田制，使得曹魏经济繁荣，国力强盛，成为三国中的最强者。曹操的开明作风，客观上对女妆起了促进作用。

曹孟德次子曹植是位"才高八斗"的文人，写诗作赋是把好手。他在著名的《洛神赋》中就写道："芳泽无加，铅华弗御，云髻峨峨，修眉联娟。丹唇外朗，皓齿内鲜，明眸善睐，靥辅承权。瑰姿艳逸，仪静体闲。柔情绰态，媚于语言。奇服旷世，骨像应图。披罗衣之璀粲兮，珥瑶碧之华琚。戴金翠之首饰，缀明珠以耀躯。践远游之文履，曳雾绡之轻裾。微幽兰之芳蔼兮，步踟蹰于山隅。"其中对于女性的服饰、妆饰、头饰都有涉及。

六朝承汉魏淫靡风俗，修眉之风发达不稍衰。齐梁年间，

① 黄强：《中国服饰画史》，第41页，天津：百花文艺出版社，2017年。
② 〔晋〕陈寿撰，〔南朝·宋〕裴松之注：《三国志》，第160页，北京：中华书局，2018年。

图 10-8　晋墓人物眉毛（摘自《中国古代服饰史》。黄沐天设色）
一字眉细长如线，蛾眉粗且宽。

尤喜效仿曹魏宫廷宫女的仙娥妆。在眉毛的色彩上，魏晋时期有所变化，有所创新。此时，流行连头眉毛，即眉头相连，连心细长，这种样式到了齐梁时期仍然风行[①]。这一时代两眉的修饰，因为受外来的影响，打破了古来绿蛾黑黛的成规，产生了"黄眉佛妆"的新式[②]。

　　面饰用黄，多半是印度的风习，经西域输入华土，汉人仿其式，初时本施于整个面部，而后涂额角，再后施于眉，对此《鄱阳集》说得最清楚，并有诗咏其事。序云："妇人面涂黄，而

① 李秀莲：《中国化妆史概说》，第38页，北京：中国纺织出版社，2000年。
② 高洪兴、徐锦钧、张强编：《妇女风俗考》，第35页，上海：上海文艺出版社，1991年。

吏告以为瘴疾，问云，谓佛妆也。"诗云："有女夭夭称细娘（俗谓妇人有颜色者为细娘），真珠络髻面涂黄。华人怪见疑为瘴，墨吏矜夸是佛妆。"诗与序中讲得很明白，汉人习惯于黛色，初对黄眉，以为病色，敬而远之。但是社会风尚喜新厌旧，黄眉妆的出现，别开生面，满足了人们新奇的需求。渐渐黄眉妆被人们接受了。考察南北朝之际，有额角涂黄的风气，早开黄眉佛妆之先，并在文学上有所记录，如梁代庾信《舞媚娘》："眉心浓黛直，点额角轻黄。"梁代张率《日出东南隅行》："虽资自然色，谁能弃薄妆。施著见砆粉，点画示赪黄。"

一说额上涂黄，亦即汉宫妆，"盖眉黄起于汉宫也"[1]。黄华节先生认为："涂黄之习，既由西域胡人传来，华族与五胡接触的繁密，虽由汉代开端，究不如南北朝的频数密切，所以与其说黄眉妆始于汉宫，倒不如说起于南北朝，较为近理。况且在汉魏文艺掌故上，绝少提及涂黄的妆饰，而六朝文献，则颇多见，故以黄眉妆开端于南北朝之际之说，当较近理可靠。"[2]

黄眉佛妆的推出与盛行，与佛教传入中国有关。南北朝时，佛教进入中华本土。六朝皇帝，尤其是梁朝，对佛教十分推崇，皇帝信佛，推波助澜，上行下效，民间信佛人数大增，广植寺院，佛教盛极一时，鼎盛时期宋有寺1913所，僧尼36000人；齐有寺2015所，僧尼32500人；梁有寺2846所，僧尼82700人；陈有寺1232所，僧尼32000人。北魏末，有寺院3万余座，僧

---

① 〔明〕田艺蘅撰，朱碧莲校点：《留青日札》，第381页，上海：上海古籍出版社，1992年。

② 高洪兴、徐锦钧、张强编：《妇女风俗考》，第36页，上海：上海文艺出版社，1991年。

图 10-9 北齐额黄妆妇女（《北齐校书图》局部）图中左侧两女子，额头白黄色，这是涂抹的黄色，即额黄妆。

图 10-10 北齐额黄妆妇女（《北齐校书图》局部）女子在眉骨上部涂上淡黄色的粉或黄色颜料，由上而下，至发际线下。

尼 200 万 [1]。"南朝四百八十寺，多少楼台烟雨中。"杜牧的诗形象地描述了佛教盛行、寺庙林立的状况。佛家思想流布民间，佛妆黄眉也逐渐被老百姓所接受，风行一时。齐梁以降，以迄隋唐，黄眉妆与传统的黛妆分庭抗礼，流布在宫廷、民间。

魏晋南北朝时尚眉式主要有鸦黄眉、姚黄眉、赤眉与蛾绿眉。"汉贼乃有绿眉、赤眉、朱眉，晋有宋赤眉，北齐有姚黄眉。" [2] 六朝赤眉、黄眉的妆饰已经没有图像表现，只能通过后世的诗文来验证。"片片行云着蝉鬓，纤纤初月上鸦黄。鸦黄粉白车中出，含娇含态情非一。"唐人卢照邻《长安古意》的诗句即写黄眉。"学画鸦黄半未成，垂肩掸袖太憨生"，虞世南《应诏嘲司花女》描写隋炀帝宠妃袁宝儿的诗句，活画出妆黄眉女子的稚态。"青娥皓齿列吴娟，梅粉妆成半额黄"，司马楯的诗句写的则是额角涂黄的佛妆。对于绿眉，陆机《日出东南隅行》有云："美目扬玉泽，蛾眉象翠翰。"

妆饰、画眉的胭脂、黄粉等颜料，不仅色彩亮丽，而且加入了香料。陈代张正建《艳歌行》云："裁金作小靥，散麝起微黄。"涂上这种颜料，女子稍稍运动，出点汗，就会散发出微微的香气。

修眉之颜料，自汉以后，大多来自波斯，我国江南虽有出产，但是仍然以外来居多。徐陵《玉台新咏》所谓"南都石黛，最发双蛾"，石黛之中，最名贵者，叫作"螺子黛"。考究的螺子黛，汉魏时只有帝王佳丽才有享用的权利，一般小老百姓是不容易得到的。因此，汉魏南北朝时黄眉得以趁虚而入，也因

① 黄强：《走进佛门》，第30-31页，南京：凤凰出版社，2011年。
② 〔明〕田艺蘅撰，朱碧莲校点：《留青日札》，第381页，上海：上海古籍出版社，1992年。

于物质因素。但是黄眉妆的"入侵"毕竟带来了外来文化与文明，对传统眉式是一个冲击，形成了全新的创造，以至于造就了隋唐时期妆眉艺术的再度繁荣。

第三节　男子妆饰

我们曾经认为妆饰是女性的专属，只有女性才会那么刻意进行妆饰，以此博得男性的欢心，所谓"女为悦己者容"。但是翻看六朝史，你会改变这种看法，因为在六朝，妆饰不唯女性所爱，也受到某些男性的欢迎。

六朝时期不只有女子受追捧的情况，男子相貌英俊、气质高雅，也会受到女性的追捧，如同今天的女性喜爱小鲜肉一样。那时的女子似乎个个都是花痴，喜欢俊男帅哥。

《世说新语·容止》曰："潘岳妙有姿容，好神情。少时挟弹出洛阳道，妇人遇者，莫不连手共萦之。左太冲（思）绝丑，亦复效岳游遨。于是群妪齐共乱唾之，委顿而返。"[1] 时人毫不掩饰对美色的欣赏，见到潘岳这样的俊美男子，女性喜爱得不得了，拉着他的手，与之攀谈。才子左思不服气，也要学潘岳的艳遇，由于容貌丑陋，遭遇却大相径庭，妇女们向他吐唾沫。才华横溢抵不上脸庞俊秀，可见，在女性心目中有一杆衡量美丑标准的秤。

再引一则故事。"裴令公（裴楷）有俊容仪，脱冠冕，粗服乱头皆好。时人以为'玉人'。见者曰：'见裴叔则，如玉

---

① 〔南朝·宋〕刘义庆撰，朱碧莲、沈海波译：《世说新语》，第268页，北京：中华书局，2016年。

山上行，光映照人。'"① 容貌俊美，即便头发蓬乱、仪容不整，女性依然会欣赏，觉得他很英俊，风度翩翩，裴楷就是这样。

男生女像，以往被视为娘娘腔，没有男人的阳刚之气，但是在六朝，审美情趣颠覆，男人阴柔反而更受女性青睐。大概那时社会风气开放，女性抛头露面机会多，她们有更多的话语权，可以对男人评头论足，表达自己的审美倾向。

衣裳光鲜固然流行，但是重相貌轻财富更受社会推崇。《晋书·王濬传》记载："（王濬）博涉坟典，美姿貌，不修名行，不为乡曲所称。"② 王濬被刺史徐邈的女儿相中了，于是徐邈就将女儿嫁给了他。不要三间大瓦房，不要男方丰厚的薪酬，穷小子竟然高攀，娶到了刺史的千金，出此改变了一个出身底层人物的命运。不重钱财重人情，六朝人的婚姻观倒是值得当下重物质轻才情的世俗社会反思。

尚书何晏肤白俊美，其姿态有女人相，其衣着妆容更是女性化。《世说新语·容止》曰："何平叔（晏）美姿仪，面至白。魏明帝疑其傅粉，正夏月，与热汤饼。即啖，大汗出，以朱衣自拭，色转皎然。"③ 何晏脸白，连魏明帝都怀疑他是涂脂抹粉的，有意要检验真假，夏天让他吃汤饼，出大汗，擦拭后，脸色更白了，说明何晏是天然的肤白，不是涂粉的。

妆容、服饰的女性化，还与社会的审美取向有很大关系。男人竞相以穿女服为时尚，有断袖之嫌。《宋书·五行志一》

---

① 〔南朝·宋〕刘义庆撰，朱碧莲、沈海波译：《世说新语》，第268页，北京：中华书局，2016年。
② 〔唐〕房玄龄等撰：《晋书》，第1207页，北京：中华书局，2010年。
③ 〔南朝·宋〕刘义庆撰，朱碧莲、沈海波译：《世说新语》，第266页，北京：中华书局，2016年。

记载："魏尚书何晏，好服妇人之服。傅玄曰：'此服妖也。'"[1]可见对于何尚书的衣着女性化，社会上是有反对意见的。

六朝还有好男风的低俗倾向。娈童之风又称断袖之癖，出现在汉代。汉哀帝宠幸董贤，"帝入宴息之房，命贤更易轻衣小袖，不用奢带修裙，故使宛转便易也。宫人皆效其断袖。又云，割袖恐惊其眠"[2]。汉哀帝宠幸男宠，对于魏晋六朝产生了消极的影响。帝王尚且如此，其他官员好男风就有了借口。"自咸宁、太康之后，男宠大兴，甚于女色，士大夫莫不尚之，天下皆相仿效，或有至夫妇离绝，怨旷妒忌者。"[3]至南朝梁、陈时，一些男子由于常沉湎于女色，居然"熏衣剃面，傅粉施朱"，渐为女性化，以美男子着妇人妆自居。同时娈童之风盛行，一般豪富之家，俱以蓄养娈童为乐事。

由南入北的文学大家庾信，曾是梁简文帝朝的东宫学士，侯景之乱后滞留西魏，官至骠骑大将军、开府仪同三司，他有断袖之好，与梁朝宗室萧韶关系暧昧。"韶昔为幼童，庾信爱之，有断袖之欢，衣食所资，皆信所给。遇客，韶亦为信传酒。后为郢州，信西上江陵，途经江夏，韶接信甚薄，坐青油幕下，引信入宴。坐信别榻，有自矜色。信稍不堪，因酒酣，乃径上韶床，践踏肴馔，自视韶面，谓曰：'官今日形容大异近日。'时宾客满座，（萧）韶甚惭耻。"[4]庾信对成年后的萧韶冷淡自己颇为不满，因此有"你今天的样子与从前大不相同"的责问。当着满座宾客，庾信的言行，让萧韶羞愧难堪。纪晓岚在《阅

---

[1]　〔南朝·梁〕沈约撰：《宋书》，第886页，北京：中华书局，2006年。

[2]　〔东晋〕王嘉撰，王兴芬译注：《拾遗记》，第228页，北京：中华书局，2019年。

[3]　〔南朝·梁〕沈约撰：《宋书》，第1006页，北京：中华书局，2006年。

[4]　〔唐〕李延寿撰：《南史》，第1270页，北京：中华书局，2008年。

微草堂笔记》中论及六朝娈童关系，说道："至若娈童，本非女质，抱衾荐枕，不过以色为市耳。当其傅粉熏香，含娇流盼，缠头万锦，买笑千金，非不似碧玉多情，回身就抱；迨富者资尽，贵者权移，或掉臂长辞，或倒戈反噬，翻云覆雨，自古皆然。萧韶之于庾信，慕容冲之于苻坚，载在史册，其尤著者也。"①

娈童风气在诗文中亦有所反映。梁简文帝萧纲《娈童诗》："娈童娇丽质，践董复超瑕。羽帐晨香满，珠帘夕漏赊。翠被含鸳色，雕床镂象牙。妙年同小史，姝貌比朝霞。袖裁连璧锦，帡织细种花。揽裤轻红出，回头双鬓斜。"梁代刘遵《繁华应令诗》曰："可怜周小童，微笑摘兰丛。鲜肤胜粉白，隐脸若桃红。挟弹雕陵下，垂钩莲叶东。腕动飘香麝，衣轻任好风。幸承拂枕选，得奉画堂中。金屏障翠被，蓝帊覆薰笼。本知伤轻薄，含词羞自通。剪袖恩虽重，残桃爱未终。蛾眉讵须嫉，新妆迎入宫。"恋娈童，好男风，是魏晋六朝一种变态的社会病，导致社会风气的败坏，家庭关系的矛盾。

男子魁梧伟岸，女子秀美窈窕，一向是评价男俊女美的标准，但是魏晋六朝，社会风气转向，男子俊朗要沾染女人的阴柔之气，有点娘娘腔。"一个名士是要他长得像个美貌的女子才会被人称赞。一般士族们也以此相高，属于有许多别的时代不会有的，甚至认为相当可怪的故事流传着：病态的女性美是最美的仪容。这样，何晏的故事也就不可怪了。"②

---

① 〔清〕纪昀著，韩希明译注：《阅微草堂笔记》，第454-455页，北京：中华书局，2019年。
② 王瑶：《中古文学史论》，第157页，北京：商务印书馆，2016年。

第十一章 常着连齿谢公屐

——六朝的鞋履

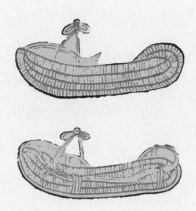

"一种风流吾最爱，六朝人物晚唐诗。"说到魏晋人物，论及六朝事件，浮现在我们眼前的，往往是率性而动、衣袂飘逸的潇洒形象。确实，褒衣博带的飘逸感，仙风道骨的风范，留给人们的印象，远远胜于鞋履的存在。六朝的风流、风雅，固然与他们的精神气质以及衣饰的飘逸有关，但六朝鞋履同样是衣饰风流的组成部分，六朝的鞋履也有故事，也有浪漫的情调。

熟悉唐代浪漫诗人李白诗歌的读者，肯定会知道《梦游天姥吟留别》的著名篇章，"我欲因之梦吴越，一夜飞度镜湖月。湖月照我影，送我至剡溪。谢公宿处今尚在，渌水荡漾清猿啼。脚著谢公屐，身登青云梯。半壁见海日，空中闻天鸡。千岩万转路不定，迷花倚石忽已暝"。李白诗中的"谢公屐"就是六朝时著名诗人谢灵运发明的鞋子，是专门的登山鞋，不仅声名赫赫，而且可以视为国产登山鞋的滥觞。后世大概没有哪个品种的鞋子，有"谢公屐"这样的知名度。

第一节　鞋履名目繁多

鞋子，古代多称履。五代马缟《中华古今注》云："自古即皆有，谓之履。"[1] 按照《中国衣冠服饰大辞典》的解释：履，本指单底之鞋，后泛指各类鞋子。以丝作成者曰丝履，以皮作成者曰革履，破旧之鞋统称敝履 [2]。

---

[1] 〔五代〕马缟撰，李成甲校点：《中华古今注》，第23页，沈阳：辽宁教育出版社，1998年。

[2] 周汛、高春明主编：《中国衣冠服饰大辞典》，第290页，上海：上海辞书出版社，1996年。

扉

图 11-1　草屝（摘自明王圻《三才图会》。黄沐天设色）
草鞋最早的名字叫"扉"，相传为黄帝的臣子不则所创造。
以草作材料，非常经济，平民百姓都能自备。

六朝时期的鞋，名目繁多，主要有屐、屦、履、靴等。大致上以木为之的称屐，以草为之的称屦，以丝、皮为之的称履，以皮为之的称靴。

履，常用草、麻、丝、皮等材料编织，在正式场合使用。《晋书·郗鉴传》："王献之兄弟，自（郗）超未亡，见（郗）愔，常蹑履问讯，甚修舅甥之礼。及超死，见愔慢怠，屐而候之，命席便迁延辞避。"[①]以麻为材料编织的称麻鞋。《颜氏家训·治家篇》中提及一贪官，贪得无厌，家里有仆人八百还嫌少，发誓要达到一千人，被法办后，没收其家财，家中有"麻鞋一屋，弊衣数库，其余财宝，不可胜言"[②]，仅麻鞋就有一屋子之多，可见其人之贪婪无度。

以草制成鞋子称为屦、屝、屩。草鞋轻便，常为出行者选用。其成本低廉，亦为贫者所用，也为提倡节俭的官员所青睐。梁代沈瑀为余姚令，"初至，富吏皆鲜衣美服，以自彰别。瑀怒曰：'汝等下县吏，何自拟贵人耶？'悉使著芒屩粗布，

---

① 〔唐〕房玄龄等撰：《晋书》，第 1804 页，北京：中华书局，2010 年。
② 〔南朝·梁〕颜之推撰，檀作文译注：《颜氏家训》，第 39 页，北京：中华书局，2018 年。

侍立终日，足有蹉跌，辄加榜棰”①。

《晋书·五行志》记载："初作屐者，妇人头圆，男子头方。圆者顺之义，所以别男女也。至太康初，妇人屐乃头方，与男无别。"②男女之鞋，本来在造型上有所区别，女式屐圆头，男式屐方头。若干年后，女式木屐造型与男式木屐变得一样，都是方头。

屐本木制之鞋，下有两齿，流行于东晋南朝时期。脚上穿木屐，上至天子，下至文人、士庶都如此。《宋书·武帝纪》说：宋武帝刘裕"内外奉禁，莫不节俭。性尤简易，常著连齿木屐，好出神虎门逍遥"③。

关于木屐，刘熙《释名·释衣服》："帛屐，以帛作之，如屦者。不曰帛屦者，屦不可以践泥也，屐可以践泥也。此亦可以步泥而浣之，故谓之屐也。"

木屐在当时颇为流行，与褒衣博带的宽大服饰搭配，更有洒脱飘逸之感。《晋书·谢安传》记载，淝水之战大捷，谢安得报，故作镇定，"过户限，心喜甚，不觉屐齿之折"④。王羲之第五子王徽之（字子猷）穿木屐，遇到火情，慌忙之中，忘记穿木屐。"王子猷、子敬曾俱坐一室，上忽发火。子猷遽走避，不惶取屐。"⑤

与草鞋相比，木屐更为经久耐用。曾任乌程令的虞玩之有一双破旧不堪的木屐，竟然已经穿了二十年。"太祖镇东府，

① 〔唐〕姚思廉撰：《梁书》，第 769 页，北京：中华书局，2008 年。
② 〔唐〕房玄龄等撰：《晋书》，第 824 页，北京：中华书局，2010 年。
③ 〔南朝·梁〕沈约撰：《宋书》，第 60 页，北京：中华书局，2006 年。
④ 〔唐〕房玄龄等撰：《晋书》，第 2075 页，北京：中华书局，2010 年。
⑤ 〔南朝·宋〕刘义庆撰，朱碧莲、沈海波译：《世说新语》，第 156 页，北京：中华书局，2016 年。

图 11-2　高齿帛面木屐

木屐，底板有高齿，以钉固定。木屐面以帛为之，又称帛屐。

图 11-3　高齿屐（摘自《中国古代服饰研究》。黄沐天设色）

鞋底装了木齿，前后各一。与草鞋、麻鞋相比，木齿耐磨，磨损后又可以更换，更经济。

图 11-4　东晋木屐实物（南京市博物馆藏）

一块方木板，钻了三个孔，穿上绳子板下再做几个高齿，就成了木屐，简单、实用。

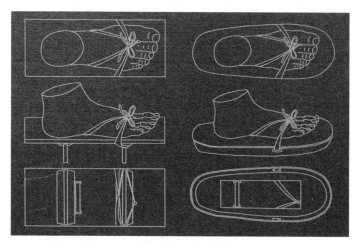

图 11-5 东晋木屐系带复原图（南京市博物馆藏）
木屐有方头的，也有圆头的。圆头的木屐依据脚型，系带从木屐两侧穿入，比方形木屐完善了一步。

朝野致敬，玩之犹蹑屐造席。太祖取屐视之，讹黑斜锐，莫断，以芒接之。问曰：'卿此屐已几载？'玩之曰：'初释褐拜征北行佐买之，著已二十年，贫士竟不办易。'"①这里不仅仅是节俭，更是对旧物的眷恋。偏好木屐的并非虞玩之一人，阮咸之子阮孚也好木屐。"祖士少（祖约，字士少）好财，阮遥集（阮孚，字遥集）好屐。"②

士大夫还喜欢亲手制作木屐，有人拜访阮孚，见他"自吹火蜡屐，因叹曰：'未知一生当著几量屐。'"③阮孚制作的木

---

① 〔南朝·梁〕萧子显撰：《南齐书》，第607页，北京：中华书局，2007年。
② 〔南朝·宋〕刘义庆撰，朱碧莲、沈海波译：《世说新语》，第146页，北京：中华书局，2016年。
③ 〔南朝·宋〕刘义庆撰，朱碧莲、沈海波译：《世说新语》，第146页，北京：中华书局，2016年。

屐被称为阮家屐，简称阮屐。唐人王维《谒璿上人》："床下阮家屐，窗前筇竹杖。"

第二节　男子的鞋履

根据文献记载，六朝时期男子的鞋履主要有木屐、漆屐、芒屩、草屩、布屩、解脱履、绿丝履、谢公履、笏头履、织成履、金薄履。东晋有凤头履、聚云履、五朵履，宋代有重台履，梁代有分稍履、立凤履、五色云霞履等①。

南朝人喜欢穿屐，所以其装束往往带有轻慢之风。《世说新语·简傲》说："王子敬（王献之）兄弟见郗公（郗愔），蹑履问讯，甚修外生礼。及嘉宾（郗超）死，皆著高屐，仪容轻慢。"② 所谓高屐指木屐底下有木齿。屐本木制之鞋，下有两齿，流行于东晋南朝时期。脚上穿木屐，上至天子，下至文人、士庶都如此。臣僚觐见皇帝时衣服是讲究的，但是对于鞋履却不是很严格，穿木屐也可以。宋武帝的驸马蔡约"高宗为录尚书辅政，百僚屐履到席，约蹑屐不改"③。

漆屐，施以生漆处理的木屐。1984 年，发掘安徽马鞍山东吴当阳侯朱然墓时，出土了大量漆器，其中就有一双漆屐。木屐底部有高齿，施以生漆。涂有生漆并进行艺术加工的木制品是漆器，木屐是实用器，不是工艺品，很少有涂漆的。笔者推测，朱然应是很喜欢木屐，专门用制作漆器的工艺处理了一双木屐。

① 〔明〕胡应麟：《少室山房笔丛》，第116页，上海：上海书店出版社，2015年。
② 〔南朝·宋〕刘义庆撰，朱碧莲、沈海波译：《世说新语》，第146页，北京：中华书局，2016年。
③ 〔南朝·梁〕萧子显撰：《南齐书》，第804页，北京：中华书局，2007年。

可见朱然生前是喜欢这双木屐的，将之做成了工艺品，也因此得以保存下来。

东吴朱然漆木屐的屐板和屐齿由一块木板刻凿而成；屐板木胎基本呈椭圆形，长20.5厘米，宽8厘米，厚0.3厘米；屐板前后圆头，略呈椭圆形，髹黑红漆，剥落严重；屐齿为前后两个；穿孔有三个。漆屐造型优美，漆质漆艺甚高，证明了中国在公元2世纪前后就已创造了发达的漆工艺。2002年1月18日，国家文物局将其列入《首批禁止出国（境）展览文物目录》。

为了突出美男子的形象，与巾子、褒衣博带相配的当然是木屐。所以魏晋以来，士人都喜欢穿屐，即使在下雨的时候也要穿。那时没有雨鞋，木屐就是雨鞋。木屐底部有齿，方便在雨中泥泞之地行走，木齿还具有防滑功能，因此适合雨天穿。

图11-6　东吴朱然墓漆屐（马鞍山市博物馆藏）
安徽马鞍山朱然墓，1984年6月出土。因为制作工艺高、造型好，具有工艺与史料双重价值。

图 11-7　东吴漆屐复制品（马鞍山市博物馆藏）

按照原来的漆屐复原，用一块整木料进行刻凿，在木屐主体木胎上打灰腻，镶嵌细小的彩色石粒，然后上漆，磨平，露出点缀其间的彩色小石粒；另一面髹黑漆，漆面光泽。

　　芒屩，芒草所编织的鞋子。东晋著名清谈家刘惔年少时，家里清贫，靠编织草鞋为生，"与母任氏寓居京口，家贫，织芒屩以为养，虽荜门陋巷，晏知也"[1]。《神灭论》作者范缜也出身贫寒，"在（刘）瓛门下积年，去来归家，恒芒屩布衣，徒行于路"[2]。穷苦家庭的孩子，买不起布履、皮靴，只能穿草鞋。南朝宋代褚彦回"时父（褚）湛之为丹阳尹，使其子弟并著芒屩，于斋前习行"[3]。穿草鞋、着布衣，这是贫寒人士的服饰标配。明代胡应麟云："六朝前率草为履，古称芒屩，盖贱

① 〔唐〕房玄龄等撰：《晋书》，第 1990 页，北京：中华书局，2010 年。

② 〔唐〕姚思廉撰：《梁书》，第 664 页，北京：中华书局，2008 年。

③ 〔唐〕李延寿撰：《南史》，第 748 页，北京：中华书局，2008 年。

者之服大抵皆然。"①

草屩，草绳编织的鞋。梁代隐士何点出生于官宦之家，祖父官至宋代司空，父亲官至宜都太守，"家本甲族，亲姻多贵仕。（何）点虽不入城府，而遨游人世，不簪不带，或驾柴车，蹑草屩，恣心所适，致醉而归，士大夫多慕从之，时人号为通隐"②。因为何点隐居山中，脚穿草屩，其材料可就地取材，也符合隐士作风，故而草屩被视为隐士之鞋。

布屩，布鞋。齐代已有以布为之的鞋，齐高帝萧道成次子豫章文献王萧嶷曾上书云："臣拙知自处，暗于疑访，常见素姓（平民）扶诏或著布屩，不意为异。"③着布屩看政府布告，显然不是普通老白姓，至少是读过书的，如士子、教书先生、乡绅等，社会地位高于平头百姓，其经济生活也较安适。

解脱履，丝制之鞋。无跟，不系带，便于禅坐，类似于今日之拖鞋。相传为梁武帝发明，多用于嫔妃宫娥。唐人王睿《炙毂子杂录·靸鞋舄》云："梁天监中，武帝以丝为之，名解脱履。"④所谓靸鞋，是指鞋帮子纳得很密，前脸较深，上面缝着皮梁或三角形皮子的布鞋。古乐府《河中曲》："头上金钗十二行，足下丝履五文章。"

绿丝屩，用绿色丝编织之鞋，状如草鞋，多用于女性。《南史·齐本纪下》记载："宫人皆露裈，著绿丝屩，帝（废帝东

① 〔明〕胡应麟：《少室山房笔丛》，第124页，上海：上海书店出版社，2015年。
② 〔唐〕姚思廉撰：《梁书》，第732页，北京：中华书局，2008年。
③ 〔南朝·梁〕萧子显撰：《南齐书》，第411页，北京：中华书局，2007年。
④ 叶大兵、钱金波主编：《中国鞋履文化辞典》，第15页，上海：上海三联书店，2001年。

图 11-8　东晋时期织成履（摘自《中国染织史》）
新疆阿斯塔那北区出土。履长 22.5 厘米，宽 8 厘米，高 4.5 厘米。履用褐、红、白、黑、蓝、黄、土黄、金黄和绿九色丝线编织而成，上有散点几何小花纹，并织有"富且昌宜侯王天延命长"十字铭文。

昏侯）自戎服骑马从后。"[1]《搜神记》记述："妾上下著白衣，青丝履。"[2]

　　织成履是东晋鞋子的代表作，为丝履的一种。以彩丝、棕麻为材料，直接织成鞋样，鞋子上绘有图案。1964 年，在新疆吐鲁番阿斯塔那北区出土了一双东晋的织成履，长 22.5 厘米，宽 8 厘米，高 4.5 厘米，色彩绚丽，用褐、红、白、黑、蓝、黄、土黄、金黄、绿等九种颜色的丝线织成，并且在鞋帮上织有"富且昌宜侯王天延命长"十字的铭文，鞋尖还织有夔纹[3]。

① 〔唐〕李延寿撰：《南史》，第 155 页，北京：中华书局，2008 年。
② 〔晋〕干宝撰，马银琴译注：《搜神记》，第 356 页，北京：中华书局，2013 年。
③ 钱金波、叶大兵编著：《中国鞋履文化史》，第 41 页，北京：知识产权出版社，2014 年。

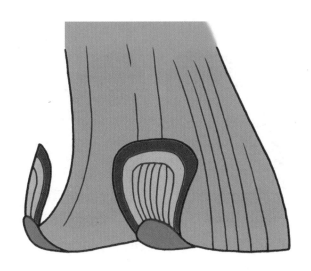

图 11-9　笏头履（摘自《中国古代服饰研究》。黄沐天设色）
河南邓县南朝砖刻中履的形象。

　　笏头履，诞生于南朝梁代的一种高头鞋履，履头高翘，呈笏板状，顶部为圆弧形。河南邓县北朝墓穴壁画中的拥剑门官，足蹬即为笏头履。江苏常州戚家村南朝墓画像砖，亦有女性穿笏头履的形象。六朝时，笏头履男女皆可穿用，隋唐时期则多用于妇女，五代之后，随着弓鞋的流行，其制渐息。明代又在此履基础上衍变出琴鞋，多用于男子[1]。

　　金薄履，粘贴金箔的鞋。通常在鞋帮前部及两侧，贴有金箔花样，多为贵族子弟所穿。南朝陈代江总《婉转歌》云："步步香飞金薄履，盈盈扇掩珊瑚唇。"

　　珠履，亦称珍珠履，缀有珠饰的鞋履。晋代左思《吴都赋》

---

①　周汛、高春明主编：《中国衣冠服饰大辞典》，第 292 页，上海：上海辞书出版社，1996 年。

曰："出蹑珠履，动以千百。"南朝梁代沈约《冬节后至丞相第诣世子车中》有云："高车尘未灭，珠履故余声。"

人们日常生活中的顺序是先穿袜，后穿鞋，因为鞋子质地比较坚硬，多以皮革、木头、金属材料等为之，直接接触脚部，容易对脚部造成伤害，一般要先穿上质地比较柔软的袜子，保护脚部，避免与坚硬物体直接磨损。但是六朝男子穿鞋履，往往不穿袜。六朝人为什么如此穿着，鞋履又为什么在六朝流行？鲁迅先生分析了原因："吃药之后，因皮肤易于磨破，穿鞋也不方便，故不穿鞋袜而穿屐。所以我们看晋人的画像或那时的文章，见他衣服宽大，不鞋而屐，以为他一定是很舒服的，很飘逸的了，其实他心里都是很苦的。"[1] 如此说来，光鲜的外面，并不都是风光，也并不都是愉快。六朝人不是不想先穿袜子、后穿鞋履，实在是吃了五石散之后，身体痛苦的一

图 11-10　南朝穿笏头履妇女（摘自《中国服饰名物考》）
江苏常州市戚家村南朝墓出土画像砖。外形翻卷高翘如笏板，顶部一般作圆弧形或山字形。

---

① 鲁迅：《鲁迅全集》第三卷，第508页，北京：人民文学出版社，1981年。

种无奈的选择。名人吃药，不得已而为之，其他人以为时尚，纷纷效法，于是社会流行起来。

时尚从来就是一把双刃剑，一方面表现为标新立异，受人追捧，另一方面则要承受痛苦，忍受孤独。今天属于服饰范畴的女性紧身衣、高跟鞋亦然。在塑造女性优美曲线、婀娜体型、挺拔姿态的同时，也束缚了身体的生长，造成了一定的伤害。有得有失，有利有弊，我们今天审视六朝的鞋履、六朝的时尚，也要通过光鲜的表象，看到深层的文化背景，看到六朝人为追求服饰解放付出的痛苦代价。

靴子，起源于北方游牧民族，为皮制的长筒鞋，六朝时亦有人穿着。东晋将领毛宝在战斗中被箭射中，"使人踏鞍拔箭，血流满靴"[1]。另据记载，齐代萧嶷"不乐闻人过失，左右投书相告，置靴中，竟不视，取火焚之"[2]。齐高帝之子萧琛"负其才气，候（王）俭宴于乐游，乃著虎皮靴，策桃枝杖，

图 11-11　魏晋长筒绣花高底靴（摘自《中国鞋履文化辞典》）
靴子本是北朝游牧民族的鞋子，生活在草原，长筒靴的出现，对于保护下肢非常有效。北方靴的长筒多以兽皮制作，南方靴多以布锦制作，更加美观。靴为厚底。

① 〔唐〕房玄龄等撰：《晋书》，第 2123 页，北京：中华书局，2010 年。
② 〔唐〕李延寿撰：《南史》，第 1066 页，北京：中华书局，2008 年。

直造（王）俭坐"[①]。靴子用猪皮、牛皮、羊皮制作的多，用虎皮制作的比较少。

侯景之乱，对于南朝政治、经济的破坏非常严重，侯景自篡立后，"床上常设胡床及筌蹄，著靴垂脚坐"[②]。不过相对于北方来说，南方穿履者多，穿靴者少，这与气候等自然条件有关。

第三节　女性的鞋履

六朝妇女的鞋履也很丰富，东晋有承云履、伏鸠履、凤头履、聚云履、五朵履，宋代有重台履，齐代有紫皮履，梁代有分梢履、立凤履、五色云霞履，陈代有玉华飞头履、鸦头履等。

承云履，亦称聚云履。形制为在鞋履上装饰有云头，以草木即彩棉为之，履头高翘翻卷，形似云朵。晋代甄述《美女诗》云："足蹑承云履，丰跌曷春锦。"马缟《中华古今注》亦云："至东晋以草木织成，即有凤头之履、聚云履、五朵履。"[③] 晋永嘉元年，人们用黄草制成伏鸠履，宫内妃子、宫女皆着，因为用黄草制作，古人称之为黄草心鞋[④]。

重台履，亦作重台屦，一种在鞋底垫有木块的鞋子，多为门阀士族家庭中的高贵夫人所着。重台履始于南朝宋代，《中

---

①　〔唐〕李延寿撰：《南史》，第 505 页，北京：中华书局，2008 年。
②　〔唐〕姚思廉撰：《梁书》，第 862 页，北京：中华书局，2008 年。
③　〔五代〕马缟撰，李成甲校点：《中华古今注》，第 23 页，沈阳：辽宁教育出版社，1998 年。
④　骆崇琪：《中国历代鞋履研究与鉴赏》，第 13 页，上海：东华大学出版社，2007 年。

图 11-12　重台履（摘自
《中国古代服饰研究》。
黄沐天设色）
高底鞋，与高齿履不同。
高齿履是鞋底有齿，齿高；
重台履是整个鞋底为厚底，
以多层布或木头做成。

华古今注》曰："宋有重台履。"①

　　紫皮履，齐代后宫出现，"内殿施黄纱帐，宫人著紫皮履"②。

　　分梢履，也称歧头履，鞋头呈朝向突出的尖角，中间则微带凹势。汉代时出现，六朝时沿用。

　　立凤履，鞋头翘起，饰以凤首，呈竖立状，梁代流行。

　　陈代有飞头履，又称飞头鞋，为女性的靸鞋，即拖鞋。元代龙辅《女红余志》卷上云："陈后主为张贵妃丽华造桂宫于光昭殿……丽华被素袿裳，梳凌云髻，插白通草苏朵子，靸玉华飞头履，时独步于中，谓之月宫。"③

　　五色履，绣有五彩云霞的丝履。《中华古今注》记载："梁有笏头履、分梢履、立凤履，又有五色云霞履。"④南朝梁代无名氏《河中之水歌》："头上金钗十二行，足下丝履五文章。"

①　〔五代〕马缟撰，李成甲校点：《中华古今注》，第23页，沈阳：辽宁教育出版社，1998年。

②　〔唐〕李延寿：《南史》，第113页，北京：中华书局，2008年。

③　叶大兵、钱金波主编：《中国鞋履文化辞典》，第17页，上海：上海三联书店，2001年。

④　〔五代〕马缟撰，李成甲校点：《中华古今注》，第23页，沈阳：辽宁教育出版社，1998年。

为了美丽，六朝妇女将鞋子的头部装饰成各种纹饰或做成不同的形制，美化了鞋子，其实是扮美了自己。我们可以想象，凤头履应该是将鞋头做成凤凰形状，而笏头履则是将鞋头做成一条翘起的长板，类似官员上朝时所持的笏板。五色云霞履、文履、珠履，则是根据选用的制作材料进行了命名。

第四节　专用鞋履的出现

六朝的鞋履尤其值得一说的是专用鞋履的出现，这就是谢安的折齿屐与登山鞋的远祖谢公屐。

我们知道，今天的鞋子种类十分丰富，除了平时人们行走时穿的皮鞋、布鞋、胶鞋、凉鞋、拖鞋，还有用于特殊活动、特殊行业的鞋子，如军人警察穿的军警靴，用于运动的溜冰鞋、登山靴、跑步鞋，用于健身的轻便鞋，用于舞蹈的芭蕾鞋，等等。

六朝时的鞋履分类当然没有如今这么繁杂、细致，大致上可以分为两类：民用与军用。也就是除了军队为了战事的军服配套的鞋履，其他都可以视为民用，包括官员上朝的朝靴。

东晋太元八年（383），前秦出兵伐晋，于淝水（今安徽寿县东南方）交战。双方力量对比悬殊，东晋八万军队，面对前秦八十万大军。《晋书·苻坚载记下》记载，坚曰："以吾之众旅，投鞭于江，足断其流。"[1] 此即"投鞭断水"典故之由来。苻坚之所以狂妄，是仗着"戎卒六十余万，骑二十七万，前后千里，旗鼓相望"[2] 浩浩荡荡的八十多万大军。东晋的主帅是谢

---

[1]　〔唐〕房玄龄等撰：《晋书》，第 2912 页，北京：中华书局，2010 年。
[2]　同上书，第 2917 页。

图 11-13 连齿木屐（摘自
《中国历代服饰大观》。黄
沐天设色）
湖北鄂钢吴墓出土。屐齿横
向。《宋史·宋本纪》云：
"（宋武帝）性尤简易，尝
著连齿木屐。"

安，前敌先锋是谢安的侄子谢玄。最终，东晋仅以八万军力大胜八十余万前秦大军，这就是历史上以弱胜强的典型战役淝水之战。

谢玄在前方交战，谢安在后方等待，他与人下棋，表情却很镇定，脸上没有一丝退怯惧怕的表情，其内心则是翻江倒海。《晋书·谢安传》记载："玄等既破坚，有驿书至，安方对客围棋，看书既竟，便摄放床上，了无喜色，棋如故。客问之，徐答云：'小儿辈遂已破贼。'既罢，还内，过户限，心喜甚，不觉屐齿之折，其矫情镇物如此。"[①]谢安所穿的木屐就是高齿屐。高齿屐的最大好处是适合雨天穿着，走在低洼的地方，即便有积水，因为有高齿的支撑，袜子也不会潮湿。

到了谢灵运时，又对高齿屐进行了改进，使之成为一种适合登山的运动鞋，也可以说是现代登山鞋的远祖。

谢灵运是南朝刘宋时期的山水诗人，喜欢游历山川。过去没有如今的旅游鞋、运动鞋，跋山涉水，鞋子不给力，影响攀登。谢灵运在自己游历山川的实践中，结合原有的鞋子，为了便于登山攀岩，发明了一种活齿屐（倒齿）。谢灵运"登蹑常著木履，上山则去前齿，下山去其后齿"[②]。鞋底安装了木齿，以木

① 〔唐〕房玄龄等撰：《晋书》，第 2075 页，北京：中华书局，2010 年。
② 〔南朝·梁〕沈约撰：《宋书》，第 1775 页，北京：中华书局，2006 年。

齿控制登山时的平衡，并增加木屐的扒力，与如今鞋底有鞋钉的登山靴、跑步鞋颇为相似。李白《梦游天姥吟留别》即云"脚著谢公屐，身登青云梯"。高齿的木屐，并不是谢灵运的发明，在他之前已经存在，谢灵运的发明是把鞋底的高齿由固定变成活动，可以灵活抽取。"在原来的鞋子的底部开几条槽，再用坚固的木料做成屐牙齿，横向插进鞋槽之中。上山时将鞋齿插入后跟部的鞋槽中，使之前低后高，这样便于登攀；下山时再将鞋齿拔出来插入前脚掌部的鞋槽中，使之后低前高，以有利于下山方便；而在平地上行走时，不装鞋牙齿，便成为一双常规的鞋子，以利于走常路。"[1]

还有一种连齿木屐，以整块木料削成，鞋帮也是凿出来，不要鞋带绳，木齿与鞋底连成一体，无需再用钉子固定。湖北鄂钢东吴墓出土过一双这样的连齿木屐，全长 26.7 厘米，宽 9.4 厘米，连齿高 10.4 厘米[2]。

这些高齿屐最大的优势是适合雨天穿着，不会湿脚。清代满人发明的花盆底鞋，是因为满人早先居住在白山黑水之间，草地上低洼之处往往有积水，高底的鞋子，可以避免一脚踏进泥泞，污染了鞋袜、裤脚，非常实用，从效果看，与六朝时期的高齿木屐是一样的。清代的马蹄底鞋子是否受到了六朝高齿屐的启发，不得而知，不过，当今的高跟鞋、增高鞋应该是借鉴了高齿屐的创意。

齐梁时期流行谢安穿的高齿屐，其原因在于士人仰慕王谢

---

[1] 华梅编著：《服饰与阶层》，第 110 页，北京：中国时代经济出版社，2010 年。

[2] 周汛、高春明：《中国古代服饰大观》，第 415 页，重庆：重庆出版社，1996 年。

名士风流，有所效法，因之相习成为风气。

"从传世大量晋南北朝石刻画卷人物冠服形象分析，南朝贵族名士所有脚下穿的多是平底的，因此，所谓'屐齿'的位置，就有了问题。可能不是在底下，指的或是前面作'⇧'式向上翻起的部分。它可能起源于汉代的歧头履（长沙马王堆墓有出土实物可证），到晋代才成为硬质，过门限才容易碰折！传顾恺之《洛神赋图》一侍从所著及传世《琢琴图》一高士所著，反映得格外清楚具体。"[1]沈从文先生并不认同高齿屐是鞋底下有高齿，他认为高齿屐的形制是屐前上耸齿状物，六朝时的高齿屐"从汉代双歧履发展而出。不是高底下加齿。在大量南北朝画刻上，还从未见过有高底加齿的木屐出现"[2]。沈说与《晋书》《宋书》《南史》记述的高齿屐都不同，姑且存之。

第五节　鞋履的质地与制作

鞋履的名称繁多，主要是根据制作材料与形制的不同。

六朝时期鞋履样式很多，在制作的材料上也很丰富。有草质、木质、竹质、皮质、丝质、麻质、布质等，或在木屐上施以生漆。

古代制作草鞋的材料很多，如芦花、蒲草、稻草、玉米皮等，高档一些的则掺入麻线，就成为麻鞋。晋永嘉元年（307），人们用黄草制成伏鸠履子，宫内妃子也穿着此种履子[3]。草鞋，

---

① 沈从文：《花花朵朵坛坛罐罐》，第82页，北京：外文出版社，1996年。

② 沈从文：《中国古代服饰研究》（修订本），第177页，上海：上海书店出版社，1997年。

③ 骆崇琪：《中国历代鞋履研究与鉴赏》，第12-13页，上海：东华大学出版社，2007年。

在历史上的不同时期有着不同的称谓。早期称屩，《释名·释衣服》："屩，蹻也，出行著之，蹻蹻轻便，因以为名也。"又有"芒鞒""芒履""芒鞋""蒲鞋"等名称。在秦汉之前，由于其他鞋类并不十分发达，草鞋尚未沦落为下等鞋类，因此它曾经成为上至帝王将相、下到平民百姓都喜欢的穿着物。汉文帝曾穿着草鞋上朝，晋代崔豹《古今注》卷上云："履，屩之不带者。不借，草履也。以其轻贱易得，故人人自有，不假借也，汉文履不借以视朝是也。"[1]但到南北朝时，虽有一些名士仍然穿着草鞋之类，但其目的却已经在于引起旁人注意，大有作异类状。

木屐在六朝时大行其道，与文人"越名教任自然"的情感宣泄极为吻合。褒衣博带不只是表现仙风道骨，更是为了表达通脱潇洒的豁达、忘我、任性以及及时行乐、无所顾忌；木屐也不是为了行走散热透气，而是为了表达崇尚自然、随意任性的心理诉求。木屐坚硬的底，尤其是有高齿的木屐，行走在碎石路上，轻轻的叩击声，更有一种音乐之美。

---

[1]　〔晋〕崔豹撰，焦杰校点：《古今注》，第5页，沈阳：辽宁教育出版社，1998年。

第十二章 绫罗披光锦衿灿

——六朝的纺织品

六朝的服饰说了不少，说到了冕服、官服、便服、女服、军服，以及鞋履。这些都是服饰的类别，款式只是服饰的外在形式。服饰款式或品种的诞生，除了社会审美、社会制度的需要，也受限于服饰面料。纺织与染织工艺的进步，带来纺织面料的革新，进而影响着服饰。

六朝时期的纺织品已经比较丰富，主要有纱、锦、棉等品种。管理纺织品生产，以及纺织品染制的是官办机构。民间个人自给自足的纺织，只是满足个体的需求，也没进入流通市场，对社会的纺织品生产及其工艺并无推动。官办的纺织机构，推动了纺织业的生产，促进了工艺的进步。

第一节　六朝纺织品种丰富

中国固有的纺织原料，以丝、麻为主，普通丝织物为绢帛，麻织物为布。两汉时期，桑麻产于北方，南方则以麻葛织物为主。东汉时期，桑蚕业开始南移，但是魏晋南北朝时期，南方仍然以麻葛织物为主[①]，不过，丝绸、锦等织物已经出现，并且在人们生活中使用率逐渐提高，乃至成为六朝贵族甲胄身份的象征。

东汉末年的战乱，对于社会生产破坏严重，人民流离失所，饱受兵燹之苦。然而，对于纺织品的需求却并没减弱，战争对于军装、被服等军需产品的需求更多。同时，上层社会并不因为战争而减少他们对奢华生活的追求。他们的衣服器物，需

---

① 李剑农：《中国古代经济史稿》，第413页，武汉：武汉大学出版社，2011年。

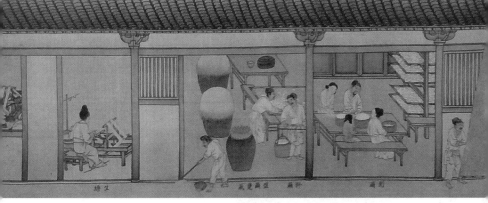

图 12-1 《蚕织图》局部（黑龙江省博物馆藏）

中国养蚕抽丝纺织有七千多年历史，可追溯到黄帝时期。《帝王世纪》云："黄帝始去皮，服为上衣以象天下，为下裳以象地。"神话传说伏羲氏化蚕，蚕神马头娘。中国是最早养蚕缫丝织绸的发源地，新石器时代就开始养蚕。从战国到清末，蚕丝一直是纺织业的主要品种。

要大量的绫罗绸缎。《三国志·魏书·夏侯尚传》记载："今科制自公、列侯以下，位从大将军以上，皆得服绫锦、罗绮、纨素、金银饰镂之物，自是以下，杂采之服，通于贱人，虽上下等级，各示有差。"^①贵族王恺与石崇斗富，王恺制紫丝布屏障四十里，石崇就制锦绸屏障五十里；石崇厕所陈设华丽，美婢十余人，备有锦香囊、沉香汁、新衣服，客人出厕，照例换一套新衣服^②。《邺中记》记载：十六国时期后赵第三位皇帝石虎（石季龙，后赵开国皇帝石勒侄子）冬季使用的流苏帐子，悬挂金箔织成统囊；出猎时穿金缕织成的合欢裤。石虎执政时，

---

① 〔晋〕陈寿撰，〔南朝·宋〕裴松之注：《三国志》，第297页，北京：中华书局，2018年。

② 〔南朝·宋〕刘义庆撰，朱碧莲、沈海波译：《世说新语》，第414页，北京：中华书局，2015年。

图 12-2　汉晋时期变形长寿绣
（摘自《中国丝绸艺术史》）
长寿是中国常见的吉祥图案。此
件产品因属于私人藏品，没有经
过地下的掩埋，故其色彩艳丽，
与出土丝绸褪色、质地变脆、易
碎不同。

图 12-3　茱萸纹锦（摘自《中国丝绸艺术史》）
新疆民丰尼雅出土，汉晋时期丝绸。中原地区出土的保存比较完好
的六朝时期丝绸很少见，新疆地区气候干燥，对于丝绸保护比较有
利，因此今天我们见到的大多数汉晋隋唐时期的丝绸织品主要出土
于新疆地区。有些是产自中原地区，通过丝绸之路输出的；也有的
直接产自西北地区。大致上这些产自西北的丝绸产品，图案上不是
汉族风格。外销丝绸的图案也有按照客户的要求定制的。

朝廷在中尚方设立织锦署，生产各种美锦，供他享受。石虎出行，拥有一千名女性组成的卤簿队伍，一色的紫纶巾，熟锦裤，金银镂带，五文织成靴，队伍整齐，服饰统一，场面浩大。

六朝时纺织手工业发展迅速，当时的缂织技术继续使用三国时期发展起来的多综多蹑织机的先进机织方法，在技术上又有所提高。六朝宋时已"丝绵布帛之饶，覆衣天下"，梁时镶嵌金箔的罗，制作得已经十分精美。"广州尝献入筒细布，一端八丈，（宋武）帝恶其精丽劳人，即付有司弹太守，以布还之，并制岭南禁作此布。"[1] 此文献记载传递出三个信息：广州织造的入筒细布十分精美，但尺幅大费工，制作成本高；宋时的布或许不如入筒细布精美，制作成本要低些；宋武帝下诏禁止广州生产入筒细布，因为不是百姓的营生。

六朝出土的纺织品实物有：对鸟对羊树纹锦、鸟龙卷草纹刺绣、夔纹锦、葡萄禽兽纹刺绣等。

六朝时期，百姓的服饰制作面料以自给自足为主，基层女性大多可以自己纺织粗布面料，并进行染色。贵族与皇室成员的衣饰，则有专门的用人、纺织工人操办。国家设立染织管理机构，负责生产、采购。齐永明六年（488），朝廷在京师（南京）、南豫州（寿县）、荆州（江陵）、郢州（武昌西）、司州（信阳）、西豫州（和县）、南兖州（扬州）、雍州（襄阳）等地，收购大量丝锦绫绢布。东晋义熙十二年（后秦永和元年，416），刘裕灭后秦，把关中的锦工迁至江南，成立锦署，中国江南地区的纺织业进入一个新阶段。

第二节　江东葛布细白如玉华

六朝的疆域除了江南地区即今江苏、浙江的部分地区，还包括安徽、江西、湖北、广东等部分地区，扬州与荆州是六朝时期丝织品的主要产区，纺织原料以麻、棉、纱、毛为主。

六朝疆域所在地区的气候条件，影响着种植业，苎麻不适合北方种植，大麻（又称汉麻，不是作为毒品的大麻）在北方的种植盛极一时。魏晋以后，气候变化，大麻在北方种植面积大幅下滑，南方则种植苎麻。苎麻与大麻的区别在于，就质地来说，大麻纤维短，含木质素较多，质地粗硬，纺纱性差。就生长环境来说，苎麻适合在比较温暖和雨量充沛的山坡、山沟等地方生长。

东吴割据江东，倡导桑蚕业，纺织手工业有所发展，官营纺织业发展迅猛，规模迅速扩大。丝织品在东吴用于军队，属于战略物资；此外，东吴也用丝绸换取马匹和奇珍异物。可见丝绸不仅是战略物资，也是流通货物。东吴纺织品花样繁多，吴王赵夫人能织作龙凤和五岳列国地形图案的锦，还能织造轻薄纤细的罗縠，用作帐幔，犹如烟气缥缈①。东吴孙皓时"事多而役繁，民贫而俗奢，百工作无用之器，妇人为绮靡之饰，不勤麻枲，并绣文黼黻，转相仿效，耻独无有"②。

东吴还盛产葛布。葛布来源于多年生草质藤本植物葛。葛也称葛藤、葛麻，茎皮纤维可供织布和造纸用。早在新石器

---

① 范金民：《衣被天下——明清江南丝绸史研究》，第21页，南京：江苏人民出版社，2016年。

② 〔晋〕陈寿撰，〔南朝·宋〕裴松之注：《三国志》，第1468页，北京：中华书局，2018年。

图 12-4 六朝对鸟对羊树纹锦（摘自《中国染织史》）
新疆吐鲁番出土。六朝纹锦中出现禽兽图案，除了鸟、羊，还有狮子、鸭、鱼等。构图上采用对称形式，以对称为美。

时代，古人就使用这种植物的纤维作纺织原料。《韩非子·五蠹》记载："冬日麑裘，夏日葛衣。"1972 年，江苏吴县草鞋山出土的三块织物残片就是用葛纤维织造的。葛纤维吸湿散热性能好，质地细薄，适合做夏季服装。在古代，葛衣、葛巾均为平民服饰。

魏文帝曹丕对东吴织造的葛布印象甚佳，《太平御览》第八一九卷《布帛部四》记载，他称赞："江东葛为可，宁比总绢之繐辈，其白如玉华，轻譬蝉翼。"魏文帝还派遣使者去东吴，向孙权求取细葛。东吴的葛布能够打动魏文帝，可见品质不凡。

南朝时期葛布品种有藕细布（郁林布）、蕉葛。《太平寰宇记》记载："藕细布，又号郁林布。"《乐府诗集》："（齐武帝）数乘龙舟，游五城江中放观……篙榜者悉着郁林布。"蕉葛指用芭蕉纤维织成的布。《太平御览》引《广志》曰："其茎解散如丝，织以为葛，谓之蕉葛，虽脆而好，色黄白，不如葛色。"

南朝大麻布的产量很大，"诸郡皆以麻布充税"。这说明麻布不仅产量大，而且社会需求大，人们以缴纳麻布充抵税收。《晋书·苏峻传》记载：苏峻叛乱时，攻进皇城，发现皇宫库房里竟然存储着二十万匹的麻布。"时宫有布二十万匹，金银五千斤，钱亿万，绢数万匹，他物称是，（苏）峻尽废之。"①

南朝宋初时，麻布的产量还不大，物以稀为贵，一匹麻布值一千多钱。市场需求刺激着生产，麻布生产量逐渐提升，到了齐时，一匹麻布只值一百多钱。麻布价格的贬值，在于麻布产量上去了，由紧缺、紧俏变成社会普及，生产成本也降低了。齐代竟陵王萧子良说："（宋）永初中，官布一匹，直钱一千，而民间所输，听为九百。渐及元嘉，物价转贱，私货则束直六千，官受则匹准五百，所以每欲优民，必为降落。今入官好布，匹堪百余，其四民所送，犹依旧制。"②价格降低的最大好处是，普通百姓也可以买得起麻布、穿得起麻布了。

但是丝绸织品的价格却颇为昂贵，其原因乃在于丝织品的产量少于麻织物，加之官府士大夫等上层阶层，对于丝织物需求甚切，其价格上涨乃是必然。东晋时流行的衫子，有白縠、白纱、白绢等面料，不论婚丧均常用白色薄质丝绸制作。縠是一种有皱纹的纱，"通过加捻丝线的使用，织成平纹织物，并经精练即可使其起皱"③。《释缯》："縠，今之轻纱，薄如雾也。然则纱已轻，而縠又更轻，古以纱为礼服，又以縠为饰服。"因为质地较为轻薄，经缕纤细，表面起皱，古代称縠，后世称绉。

---

① 〔唐〕房玄龄等撰：《晋书》，第 2630 页，北京：中华书局，2010 年。
② 〔南朝·梁〕萧子显撰：《南齐书》，第 483 页，北京：中华书局，2007 年。
③ 赵丰：《中国丝绸艺术史》，第 39 页，北京：文物出版社，2005 年。

纱，古代也写作沙。取其孔稀疏能漏沙之意。汉代有素纱、方孔纱等品种。素纱轻薄，是普通的纱。方孔纱也称方目纱，汉代常用于制作冠。

裤褶本是北方游牧民族的服装，基本款式为上身穿齐膝大袖衣，下身穿大口裤。这种服装的面料，常用较粗厚的毛布来制作。

裤和短上襦，合称襦裤，但贵族必须在襦裤外加穿袍裳，只有骑马者、厮徒等从事劳动的人为了行动方便，才直接把裤露在外面。贵族是不得穿短衣和裤外出的。

此时衣料，絮为最贵。齐高帝萧道成为建康令时，其侄即后来的齐高宗萧鸾等冬月犹无缣纩。"（朱）百年家素贫，母以冬月亡，衣并无絮。自此不衣绵帛。尝寒时就（孔）凯宿，衣悉夹布。饮酒醉眠，凯以卧具覆之，百年不觉也。既觉，引卧具去体。谓凯曰：'绵定奇温。'因流涕悲恸。凯亦为之伤感。"[1] 吕思勉先生又引史炤《释文》："木棉以二三月下种，至夏生黄花，结实，及熟时，其皮四裂，中绽出如绵，土人以铁铤碾去其核，取绵以小竹弓弹之，细卷为筒，就车纺之，自然抽绪，织以为布，谓即此物也。"[2] 所指正是今棉花所织之布，则梁武帝时已有此布矣。

锦是另外一种重要的衣料。关于锦的概念，古人云："织彩为文（纹）曰锦。"《释名·释采帛》曰："锦，金也，作之用功重，其价如金，故其制字从帛与金也。"[3] 锦是一

---

① 〔南朝·梁〕沈约撰：《宋书》，第 2295 页，北京：中华书局，2003 年。
② 吕思勉：《两晋南北朝史》，第 1031-1032 页，上海：上海古籍出版社，2007 年。
③ 郝懿行等：《尔雅 广雅 方言 释名清疏四种合刊》影印本，第 1057 页，上海：上海古籍出版社，1989 年。

图 12-5　六朝鸟龙卷草纹刺绣（摘自《中国染织史》）

新疆吐鲁番出土。六朝时期出土的绣品很少，其刺绣技法沿袭东汉以来的锁绣法，即先用锁绣绣出轮廓，再用线盘成较大的平面。

种熟织物与多彩织物，能通过组织的变化，显示多种色彩的不同纹样。

衣服材料最奢侈者，为销金及织成，此时已遭禁止。销金工艺是在衣物上添加极薄黄金装饰或镶嵌黄金物品，或称金薄。古代喜欢用金银表示豪奢，六朝时期在西北羌族民族中，后赵皇帝石虎（石季龙）最喜欢在服饰中使用金银。《邺中记》记录石虎打猎则穿金镂织成合欢袴，所谓金镂即唐宋时的捻金。织成类似宋代的刻丝工艺。金薄即后来的明金和片金工艺。

第三节　云锦的出现

锦在古代纺织品中，属于高端、高档材料。帝王与达官贵胄的服饰都离不开锦缎丝绸，也可以按照传统的说法称绫罗绸缎。

六朝时已经有了锦，这个锦就是与南京有关的云锦。云锦因灿如天上云彩而得名，又因为制造费时费力，有寸锦寸金之说，可见云锦的珍贵。云锦一向是皇宫的御用品，奉献给皇帝，或者皇室成员，非一般官宦人家可以使用。云锦是一种等级与高贵的象征。

云锦产生于何时？有两种说法，一说是诞生在七百年前，另一种说法是六朝时期。丝绸史专家黄能馥认为，南京的云锦发源于公元 3 世纪的吴国。公元 5 世纪刘裕攻陷长安，召集包括织锦工在内的中原地区百工由长安迁至金陵秦淮河畔，在斗场寺（亦名斗场市、道场寺）附近设置"斗场锦署"，开始了云锦的织造事业 ①。未有斗场锦署之前，金陵无锦。

蒋赞初先生认为，云锦诞生于东晋政府创建锦署的公元417 年。织金锦（金银薄）在金陵开始织造与"云锦"一名在记载中的出现，至少已有一千五百年的历史。特别是从元代至元十七年（1280）起，其生产流程和技术传统就一直没有中断。②因为历史悠久，传承未断，南京云锦被称为中国丝绸的活化石。

云锦最早出现在汉代文献中，《汉武帝内传》就有"燔百合之香，张云锦之帏"的记载。西晋木华《海赋》有云："若乃云锦散文于沙汭之际，绫罗披光于螺蚌之节。繁采扬华，万色隐鲜。"③尽管汉代、西晋已有云锦之名，但此云锦却非后世的作为具体丝织物的云锦，而是属于一种形象化的表达，形容锦像天上的云一样美丽。

锦的出现时间更早。《诗经》中就有丝织物的"锦"。《诗经·唐风·葛巾》云："角枕粲兮，锦衾烂兮；予美亡此，谁与独旦？"中国养蚕历史悠久，《诗经》诞生的春秋时代已经出产蚕丝等丝织品。锦的出现是中国纺织史上的里程碑，"不

---

① 王宝林：《南京云锦》，第 12 页，北京：文化艺术出版社，2012 年。
② 张道一：《南京云锦》，第 8 页，南京：译林出版社，2012 年。
③〔南朝·梁〕萧统编：《昭明文选》，第 356 页，北京：华夏出版社，2000 年。

图 12-6　南北朝树下对鸡对羊纹锦复制品
南北朝时期是民族大融合时期，丝绸图案也受到南北文化交流的影响，一是图案对称，二是北朝丝绸具有强烈的异域情调。

仅把蚕丝的优秀性能与美术结合起来，使得丝绸具有了文化与历史属性，而且让织工的织造技术提升，发挥出巨大的创造性，展示艺术美与技术精的完美结合"①。

云锦产品在明清时期盛行，但是在这一时期通常并不用"云锦"之名，往往以库锦、妆花、织金等名称出现。在记录严嵩抄家详情的《天水冰山录》中，有云罗、云纱、云绸等与"云"有关的丝织物，唯独没有"云锦"之名。

第四节　丝绸的转折期

说六朝纺织品，必须说到丝绸与丝绸之路。中国是丝绸的故乡，六朝时的丝绸也闪耀着光彩。

丝绸的起源自然不是六朝，早在西周时就有了丝绸。世界最初了解中国，就是因为中国的丝绸。丝绸之路的先导是丝绸，

---

① 黄强：《抱布贸丝——由来已久的丝绸交易》，刊《城市漫步》2019年第 5 期。

古代西方人称中国为 Seres，意为"丝国"。所谓丝绸，是一种纺织品，用蚕丝或合成纤维、人造纤维、短丝等织成。上古传说中，黄帝妻子嫘祖发明"养蚕取丝"。北周以后嫘祖被尊为"先蚕"（蚕神）。大诗人李白的老师赵蕤所撰《嫘祖圣地碑》碑文称："嫘祖首创种桑养蚕之法，抽丝编绢之术，谏净黄帝，旨定农桑法。制衣裳，兴嫁娶，尚礼仪，架宫室，奠国基，统一中原，弼政之功，殁世不忘。是以尊为先蚕。"

商代甲骨文中"丝"字，象形，画成麻花状，两端扎起，露出三根线头。《说文》："系，细丝也，象束丝之形。"《诗经》中有"氓之蚩蚩，抱布贸丝。匪来贸丝，来即我谋"的诗句。当时以物易物，用麻布换丝。不过，此时的丝绸只是中国丝绸发展史上的初级阶段，秦汉时期是中国丝绸发展的一个高峰，丝绸日益普及，产区扩大，消费群体也在扩大。

一、六朝发达的丝织业

在以金陵（今南京）为中心的长江中下游地区，三国时期已经有了较为发达的丝织业。东吴在建康（今南京）建都后，更设置了由皇室直接控制的"织室"，生产高端的丝织品。织室在东吴孙皓时期已经有上千人的规模。西晋灭掉东吴后，东吴皇家的织室不复存在，但是江南民间的丝织业并没有终止，依然兴盛。刘裕北伐，灭掉建都于长安的后秦国，将集中在长安的织锦工匠等中原地区百工迁来建康，并在义熙十三年（417）在建康设置锦署，从事丝织业[1]。汇集中原地区的百工，加上金陵本地的织锦工匠，建立起丝织业的管理机构，工艺上承继了

---

[1] 张道一：《南京云锦》，第33-34页，南京：译林出版社，2012年。

两汉魏晋的织造传统，融合了金织锦技艺，这些举措促进了南京乃至江南地区丝织业的发展，以及南京云锦的繁荣。

我国自秦汉以来，丝绸提花多采用多综多蹑机，用几十甚至上百跟踏脚杆来拉综提花，结构复杂，效率不高。三国魏国马钧改良多蹑机，踏脚杆减少到十二根，效率大大提高[①]。西晋时期丝绸生产已经稳步发展，左思《三都赋》说："锦绣襄邑，罗绮朝歌，绵犷房子，缣总清河。"石崇斗富的故事中，王恺用紫纱做成四十里的屏障，石崇就用锦缎做出五十里的屏障。

联珠纹在中国盛行于魏晋南北朝时期乃至隋唐时期。联珠纹最早出现在北齐徐显秀墓壁画中，壁画中有两种丝绸纹样，一种是以佛像头作主题的联珠纹，另一种是联珠纹中的对狮图案和对鹿图案[②]。

六朝时期，南京出产的黑色丝绸，质量高，也非常出名。黑色丝绸主要是印染工艺的结果，当时多为贵族所用，百姓是用不起的。至今在南京夫子庙还保留着乌衣巷的地名，亦即刘禹锡"乌衣巷口夕阳斜"中所歌咏的乌衣巷。乌衣巷诞生于六朝时的晋代，居住在此地的贵族子弟，以及军士都穿着乌衣，因此名之为乌衣巷。乌衣者，黑色绸衣也[③]。南京出产的黑色丝绸一直延续到民国时期，并且驰名中外。民国时期曾颁布过《服制案》《服制条例》，规定男女礼服和公务人员制服的衣料、样式和色彩。女装的旗袍采用轻薄的印染丝绸，男装的长袍黑

---

① 袁宣萍、赵丰：《中国丝绸文化史》，第72页，济南：山东美术出版社，2009年。

② 张道一：《南京云锦》，第33-34、144页，南京：译林出版社，2012年。

③ 吴淑生、田自秉：《中国染织史》，第120页，上海：上海人民出版社，1986年。

褙沿用提花丝织物[1]。

二、六朝时期的丝绸之路

丝绸是中国物质文明的一个重要载体，中国文明在文化方面有别于世界他国，是因为中国依赖了玉、漆、丝、瓷四大物质。纵观世界文化史，青铜、石器、铁器等为世界共有，唯有玉、漆、丝、瓷为中国独有，这也是中国文化的四大特质[2]。中国四大发明造纸术、印刷术、指南针、火药，其中造纸术与印刷术两项与丝绸有直接关联，指南针也与丝绸之路多少有点关系。

丝绸之路起源于汉朝，汉武帝时张骞出使西域，打通了西行之路。1877年德国地理学家李希霍芬在《中国》一书中，将"从公元前114年到公元127年间，中国与河中地区以及中国与印度之间，以丝绸贸易为媒介的这条西域交通路线"命名为丝绸之路。这条丝绸之路从长安（今西安）出发，经过武威到敦煌。在敦煌分为南北两路，南路出阳关，经楼兰、于阗（今和田）、莎车等地，越葱岭（今帕米尔），到大月氏（今阿富汗境内）、安息，往西到可大条支（今伊拉克）、大秦（即罗马帝国）等国。北路出玉门关，经车师前王庭（今吐鲁番）、龟兹（今库车）、疏勒（今喀什）等地，越过葱岭，到大宛康居，再往西南经过安息到大秦[3]。中国丝绸的输出，并不局限于从长安出发西行新疆的这条通道，在西南还有一条商道，从成都经云南大理，通往缅甸、印度，称为西南丝路。"随着丝绸之路

① 王庄穆主编：《民国丝绸史》，第208-209页，北京：中国纺织出版社，1995年。
② 赵丰：《中国丝绸艺术史》，第9页，北京：文物出版社，2005年。
③ 黄强：《丝路——风靡世界的唐代奢侈品》，刊《城市漫步》2019年第5期。

上东西文化交流的日益频繁，魏晋南北朝时期的中国文化呈现出一种多元融合的现象，它导致传统的丝绸技术体系中逐渐注入众多新的内容，终于在隋唐之际出现了较大的转折。"[1]

除了陆地丝绸之路，海上丝绸之路在六朝时也有传播。六朝时期日本与魏国、东吴都有贸易往来，吴服就是用从东吴江浙一带输入的丝绸制成的，至今这种吴服仍然是日本的民族服饰。东晋时，日本还从江浙一带寻访中国的纺织业人员到日本传授技术，带回去名贵的丝织品"鹅毛二羽"[2]。

中国的丝绸走出去，不仅是一种商品的输出及对外贸易，更重要的是传递了中华文明。在丝绸之路中，丝绸是与黄金同样的硬通货，可以直接拿来充当货币，进行交易。"中国的丝绸从发明到走向世界有着十分清楚的历史，长期以来中国又是世界上唯一从事丝织手工业的国家。所以中国对人类物质文明的这项重大贡献为世界所公认。丝绸以其鲜明的独创性、精湛的技艺和富于想象力的艺术图案使中国文化自立于世界优秀文化之林。"[3]

魏晋南北朝的民族大融合，将北方的农业技术带到了南方，北方民族的大迁徙，加速了南方经济的发展。桑蚕业也由黄河流域落户于长江流域，南方的气候等条件更适合丝绸产业的发展，也使得中国的经济重心转移到南方。刘宋时期，刘裕灭掉姚秦，把关中的锦工迁往江南，成立锦署，江南有了较为发达的织锦业，江南的广陵（今江苏扬州）与四川成都、北方

---

[1] 赵丰：《中国丝绸艺术史》，第10-11页，北京：文物出版社，2005年。

[2] 吴淑生、田自秉：《中国染织史》，第112页，上海：上海人民出版社，1986年。

[3] 林梅村：《丝绸之路考古十五讲》，第9页，北京：北京大学出版社，2018年。

定州，成为高级织物的三大中心。

六朝的纺织品丰富，而且技术含量高，色彩艳丽，图案精美，在中国纺织史上占有重要的一席。六朝的丝绸之路上承两汉，下启唐代，在中国丝绸之路的发展中也起到了非常重要的作用。

六朝纺织发达，褒衣博带引领时尚潮流；六朝文化灿烂，创造辉煌；六朝人物风流，个性彰显。说到六朝，人们脑海中会浮现宽衫大袖、衣袂飘飘的形象；想到任性而动的率真情怀，曲水流觞的文人雅集，以及桃叶临水的风流故事。抹不去的是六朝烟水的迷蒙，六朝青山的典雅……

参考文献

一、典籍部分

〔汉〕司马迁撰，〔宋〕裴骃集解：《史记》，北京：中华书局，2018 年。

〔汉〕班固撰，〔唐〕颜师古注：《汉书》，北京：中华书局，2018 年。

〔南朝·宋〕范晔撰，〔唐〕李贤等注：《后汉书》，北京：中华书局，2018 年。

〔晋〕陈寿撰，〔南朝·宋〕裴松之注：《三国志》，北京：中华书局，2018 年。

〔唐〕房玄龄等撰：《晋书》，北京：中华书局，2010 年。

〔南朝·梁〕沈约撰：《宋书》，北京：中华书局，2006 年。

〔南朝·梁〕萧子显撰：《南齐书》，北京：中华书局，2007 年。

〔唐〕李延寿撰：《南史》，北京：中华书局，2008 年。

〔唐〕姚思廉撰：《梁书》，北京：中华书局，2008 年。

〔唐〕姚思廉撰：《陈书》，北京：中华书局，2008 年。

〔唐〕李百药撰：《北齐书》，北京：中华书局，2008 年。

〔唐〕魏征、令狐德棻撰：《隋书》，北京：中华书局，2016 年。

〔元〕脱脱等撰：《宋史》，北京：中华书局，2017年。

〔宋〕司马光编著，〔元〕胡三省注：《资治通鉴》，北京：中华书局，2011年。

〔晋〕崔豹撰，崔杰学校点：《古今注》，沈阳：辽宁教育出版社，1998年。

〔五代〕马缟，李成甲校点：《中华古今注》，沈阳：辽宁教育出版社，1998年。

〔晋〕干宝撰，马银琴译注：《搜神记》，北京：中华书局，2013年。

〔晋〕王嘉撰，王兴芬译注：《拾遗记》，北京：中华书局，2019年。

〔南朝·宋〕刘义庆撰，朱碧莲、沈海波译：《世说新语》，北京：中华书局，2016年。

〔南朝·梁〕萧统编：《昭明文选》，北京：华夏出版社，2000年。

〔南朝·梁〕颜之推撰，檀作文译注：《颜氏家训》，北京：中华书局，2018年。

〔南朝·陈〕徐陵编，吴兆宜注：《玉台新咏》，北京：中国书店，1986年。

〔东晋〕葛洪著，张松辉、张景译注：《抱朴子外篇》，北京：中华书局，2013年。

〔唐〕杜佑撰，王文锦、王永兴、刘俊文、徐庭云、谢方点校：《通典》，北京：中华书局，1992年。

〔唐〕段成式撰，张仲裁译注：《酉阳杂俎》，北京：中华书局，2018年。

〔宋〕陆游撰，杨立英校注：《老学庵笔记》，西安：三秦出版社，2003 年。

〔宋〕聂崇义：《新定三礼图》（影印本），杭州：浙江人民美术出版社，2016 年。

〔元〕马端临：《文献通考》，北京：中华书局，1991 年。

〔明〕王三聘辑：《古今事物考》（影印本），上海：上海书店，1987 年。

〔明〕田艺蘅撰，朱碧莲校点：《留青日札》，上海：上海古籍出版社，1992 年。

〔明〕王圻、王思义编集：《三才图会》（影印本），上海：上海古籍出版社，1993 年。

〔明〕胡应麟：《少室山房笔丛》，上海：上海书店出版社，2015 年。

〔清〕朱铭盘撰：《南朝宋会要》，上海：上海古籍出版社，1984 年。

〔清〕朱铭盘撰：《南朝梁会要》，上海：上海古籍出版社，1984 年。

〔清〕朱铭盘撰：《南朝陈会要》，上海：上海古籍出版社，1986 年。

王焕镳编纂：《首都志》，南京：南京古旧书店、南京史志编辑部翻印，1985 年。

二、专著部分

周锡保：《中国古代服饰史》，北京：中国戏剧出版社，1986 年。

沈从文：《花花朵朵坛坛罐罐》，北京：外文出版社，1996 年。

沈从文：《中国古代服饰研究》（增订本），上海：上海书店出版社，1997年。

周汛、高春明：《中国历代妇女妆饰》，上海学林出版社、三联书店（香港）有限公司，1988年。

周汛、高春明：《中国历代服饰》，上海：学林出版社，1994年。

周汛、高春明：《中国古代服饰大观》，重庆：重庆出版社，1996年。

周汛、高春明主编：《中国衣冠服饰大辞典》，上海：上海辞书出版社，1996年。

高春明：《中国服饰名物考》，上海：上海文化出版社，2001年。

黄能馥、陈娟娟编著：《中国服装史》，北京：中国旅游出版社，1995年。

黄能馥、陈娟娟：《中国服饰史》，上海：上海人民出版社，2018年。

华梅：《中国服装史》，天津：天津人民美术出版社，1997年。

华梅：《服饰与中国文化》，北京：人民出版社，2001年。

缪良云主编：《中国衣经》，上海：上海文化出版社，2000年。

孙机：《中国古舆服论丛》（增订本），北京：文物出版社，2001年。

赵超：《中华衣冠五千年》，香港：中华书局（香港）有限公司，1990年。

赵超：《霓赏羽衣——古代服饰文化》，南京：江苏古籍出版社，2002年。

吕一飞：《胡服习俗与隋唐风韵——魏晋北朝北方少数民族社会风俗及其对隋唐的影响》，北京：书目文献出版社，1994 年。

刘永华：《中国古代军戎服饰》，上海：上海古籍出版社，2006 年。

知缘村：《闻香识玉：中国古代闺房脂粉文化演变》，上海：上海三联书店，2008 年。

凯风：《中国甲胄》，上海：上海古籍出版社，2006 年。

周纬：《中国兵器史稿》，天津：百花文艺出版社，2006 年。

魏兵：《中国兵器甲胄图典》，北京：中华书局，2011 年。

孟晖：《潘金莲的发型》，南京：江苏人民出版社，2005 年。

黄强：《中国服饰画史》，天津：百花文艺出版社，2007 年。

黄强：《中国内衣史》，北京：中国纺织出版社，2008 年。

黄强：《走进佛门》，南京：凤凰出版社，2011 年。

黄强：《服饰礼仪》，南京：南京大学出版社，2015 年。

黄强：《南京历代服饰》，南京：南京出版社，2016 年。

叶大兵、钱金波主编：《中国鞋履文化辞典》，上海：上海三联书店，2001 年。

叶大兵、钱金波编著：《中国鞋履文化史》，北京：知识产权出版社，2014 年。

骆崇琪：《中国历代鞋履研究与鉴赏》，上海：东华大学出版社，2007 年。

阎步克：《服周之冕——〈周礼〉六冕礼制的兴衰变异》，北京：中华书局，2009 年。

华梅编著：《服饰与阶层》，北京：中国时代经济出版社，2010 年。

李芽：《脂粉春秋——中国历代妆饰》，北京：中国纺织出版社，2016年。

李秀莲：《中国化妆史概说》，北京：中国纺织出版社，2000年。

刘悦：《女性化妆史话》，天津：百花文艺出版社，2005年。

赵丰：《中国丝绸艺术史》，北京：文物出版社，2005年。

王宝林：《云锦》，杭州：浙江人民出版社，2008年。

金文：《南京云锦》，南京：江苏人民出版社，2009年。

吴淑生、田自秉：《中国染织史》，上海：上海人民出版社，1986年。

袁宣萍、赵丰：《中国丝绸文化史》，济南：山东美术出版社，2009年。

徐晓慧：《六朝服饰文化》，济南：山东人民出版社，2014年。

范金民：《衣被天下——明清江南丝绸史研究》，南京：江苏人民出版社，2016年。

冀东山主编：《神韵与辉煌——陕西历史博物馆国宝鉴赏·陶俑卷》，西安：三秦出版社，2006年。

［日］原田淑人著，常任侠、郭淑芬、苏兆祥译：《中国服装史研究》，合肥：黄山书社，1988年。

［韩］崔圭顺：《中国历代帝王冕服研究》，上海：东华大学出版社，2007年。

范文澜：《中国通史简编》第二编，北京：人民出版社，1964年。

范文澜：《中国通史》第二册，北京：人民出版社，1979年。

吕思勉：《两晋南北朝史》，上海：上海古籍出版社，

2007 年。

　　杨仁宇：《中国历代帝王录》，上海：上海文艺出版社，1998 年。

　　陈书良：《六朝烟水》，北京：现代出版社，1990 年。

　　陈书良：《六朝如梦鸟空啼》，长沙：岳麓书社，2000 年。

　　罗宗真：《六朝考古》，南京：南京大学出版社，1994 年。

　　张承宗：《六朝民俗》，南京：南京出版社，2004 年。

　　许辉、李天石主编：《六朝文化概论》，南京：南京出版社，2004 年。

　　胡阿祥：《六朝疆域与政区研究》（增订本），北京：学苑出版社，2005 年。

　　胡阿祥：《六朝政区》，南京：南京出版社，2008 年。

　　胡阿祥、李天石、卢海鸣：《南京通史·六朝卷》，南京：南京出版社，2009 年。

　　胡阿祥等：《魏晋南北朝史十五讲》，南京：凤凰出版社，2010 年。

　　李泽厚：《美的历程》，北京：文物出版社，1989 年。

　　宗白华：《美学散步》，上海：上海人民出版社，1981 年。

　　鲁迅：《鲁迅全集》第三卷，北京：人民文学出版社，1991 年。

　　孙机：《中国圣火——中国古文物与东西文化交流中的若干问题》，沈阳：辽宁教育出版社，1996 年。

　　张亮采：《中国风俗史》，北京：东方出版社，1996 年。

　　杨泓：《逝去的风韵》，北京：中华书局，2007 年。

　　李剑农：《中国古代经济史稿》，武汉：武汉大学出版社，2011 年。

王瑶：《中古文学史论》，北京：商务印书馆，2016年。

高洪兴、徐锦钧、张强编：《妇女风俗考》，上海：上海文艺出版社，1991年。

徐杰舜主编：《汉族风俗史》第二卷，上海：学林出版社，2004年。

钟敬文主编：《中国民俗史·汉魏卷》，北京：人民出版社，2008年。

中国军事史编写组：《中国军事史》第四卷《兵法》，北京：解放军出版社，1988年。

周扬主编：《中国大百科全书·中国文学卷》，北京：中国大百科全书出版社，1988年。

侯外庐主编：《中国大百科全书·中国历史卷》，北京：中国大百科全书出版社，1992年。

后记

　　这本书从酝酿、动笔到完稿，时间跨度十多年。

　　我出生于南京，生长在南京，读书、工作一直在南京，按照现代的概念，属于土生土长的南京人。南京是中国四大历史古都之一，乃六朝古都（东吴、东晋、宋、齐、梁、陈），又是十朝都会（加上南唐、明代、太平天国、民国）。

　　小时候，我就对南京的历史古迹有着浓厚的兴趣，近的清凉山、鸡鸣寺、九华山、明故宫、明孝陵、梅花山，远的栖霞山、牛首山、南唐二陵，都曾是我足履所到之处。我寻觅古迹，在寻访中增长知识，获得乐趣，渐渐地对生我养我的这块土地有了更多的了解。

　　南京的山山水水、草草木木养育着我，我深爱这片土地，眷恋这块土地上孕育出的文化。能够为桑梓写些什么、做些什么是我的愿望；能让更多的南京人以及外地人了解南京、热爱南京，也是我要写与南京有关的文章、著作的动机。三十多年前，曾经在《南京日报》"星期天"副刊撰写"文人笔下的南京"系列文章，算是南京风土人情、人文历史写作的第一步。在自己的研究中，也涉及南京文化名人的置业、南京花灯文化等民风民俗。十年前，又为《南京日报》"风雅秦淮"版撰写南京人文地理、历史的稿件，也陆续出版了关于南京历史文化的专著《文人置业那些事》（暨南大学出版社 2011 年 12 月版）、

《老明信片·南京旧影》（南京出版社 2011 年 12 月版）、《消失的南京旧景》（复旦大学出版社 2014 年 7 月版）、《南京历代服饰》（南京出版社 2017 年 4 月版）等。

作为一个挚爱学术研究，推崇"独立人格，自由思想"的独立学者，我一向不受学院派条条框框的束缚。不为金钱撰稿，不为职称著书，我研究，我写稿，因为我热爱，这是我的快乐所在。我不会为职称的获取而剽窃他人的研究成果；我也没有为了完成任务而规定必须一年刊发多少篇论文、出版几本著作的限制；我更不会因为书中的某些观点，可能得罪某些权贵，而修改自己的观点。没有职位、职称的累赘、束缚，才可能我行我素，不必人云亦云，做人也就能敢作敢为。学术研究最可贵的就是独立的人格，自由的思想，独特的观点。

三十多年来，我潜心研习中国古代服饰史，基本上采取分别击破的方式进行，也就是确定一个小的切口，先做一个小题目，完成之后，扩大为一个专题，层层逼近，步步深入，逐渐扩大研究范围与触角。十多年前计划了两个研究专题：一是二十世纪服饰变迁，二是中国内衣流变。如今这两个专题都已完成，其成果分别是由文化艺术出版社 2008 年 6 月出版的《衣仪百年》、中国纺织出版社 2008 年 1 月出版的《中国内衣史》。

上述两个专题分别是从时间断限和服饰品种方面着眼的，也就是说分别属于服饰断代史和服饰专题史。在服饰研究中，还有几个类别：服饰通史、服饰地域史，以及服饰延伸的戏曲、小说中的服饰文化。2016 年 10 月我出版了南京市委宣传部、南京出版社"品读南京"系列中的《南京历代服饰》一书，该书属于服饰区域史类别。服饰文化延伸方面的研究，集中在《金瓶梅》服饰文化的专题研究，已经撰写了多篇论文，出版了《金瓶梅风物志》（中国社会科学出版社2017年9月版）。有关服饰通史的研究，是百花文艺出版社2017年9月出版的《中国服饰画史》，服饰礼仪方面的研究成果有南京大学出版社2015年8月出版的《服饰礼仪》，专题通史著作有商务印书馆2019年12月出版的《古代军戎服饰》以及即将出版的《古代服饰与时尚》，而有关服饰地域史的著作，除了《南京历代服饰》，就是这本《六朝人的衣柜》了（也属于服饰地域断代史）。

结合南京历史，关注南京地区服饰流变，是我所要做的服饰地域史的科目。其中涉及与南京历史有关的服饰流变主要是六朝服饰、明代服饰、民国服饰三个专题。当然，这三个专题，既是地域服饰史，也属于断代服饰史。之所以从三个朝代着眼做南京地域服饰，主要原因在于：一是研究切口要小，便于操作，深入后可以逐渐扩大；二是六朝、明朝、民国是南京历史上显赫的三个朝代，最具代表性，正如秦朝与咸阳，汉朝与徐州，唐朝与西安，北宋与开封，南宋与杭州，明清与北京；三是在服饰研究中，通史类著作多，专题史、断代史、区域史类别的著作少，有关这三个朝代的断代服饰史或区域服饰史专著更少。作为一位南京的服饰史研究学者，有责任有义务完成这项研究，对此《金陵晚报》《风尚壹周刊》均有报道，就是我提出的"南京人要写南京的服饰生活史"的观点，并且正在由我单枪匹马地实践，逐步完成。

民国服饰此前已出版了《衣仪百年》一书，明代服饰的研究论述主要是以《金瓶梅》服饰研究为切入点的系列论文，刊发在《江苏教育学院学报》《徐州教育学院学报》《河南理工大学学报》《金瓶梅研究》等学术刊物，收录于《金瓶梅文化研究》《金瓶梅与临清》《金瓶梅与清河》《金瓶梅与五莲》

等书籍中，出版了两本《金瓶梅》研究的专著：《另一只眼看金瓶梅》（中国文学出版社 2006 年 9 月版）、《金瓶梅风物志》（中国社会科学出版社 2017 年 9 月版）。六朝的服饰研究，除在《中国内衣史》《古代军戎服饰》各有一章，最为薄弱。这是使我感到内疚的，也有些无奈。主要原因是十多年来，本该是出成绩的时候，却因为工作的变动，不得不"为稻粱谋"，处于一种极不稳定的状态，无法沉下来做六朝服饰的专题研究。2009 年初，友人张群告诉我，南京市旅游局计划编写《六朝的衣食住行》，他推荐我撰写衣服的部分。此时我已经出版了三本服饰史专著，积累了蓄势待发的能量，以实力而论，在江苏地区研究中国服饰史方面，我也属于翘楚了。但是因为不在高校，也没有教授的头衔，又不是网络红人、知名人士，大概是人微言轻，排坐坐吃果果的事总是轮不上。或许因为计划赶不上变化，后来这本书也不了了之。

与其等待别人的选择，期盼天上掉馅饼，不如自己努力，烙一个馅饼。不管别人怎么说，拿出书稿才是最现实的事。人到中年，时不我待，从那时开始我便着手这本书稿的写作。这十年间，我克服资料匮乏，以及工作、生活等困难，咬紧牙关，下定决心，排除万难。其间也因为写作、出版其他著作，导致本书的写作断断续续。

六朝服饰史料是匮乏的，尤其是服饰实物的难觅。我们今天能够看到的六朝服饰实物极为罕见，因此，除了史籍文献的记载，我们对六朝服饰的探究、揣摩，主要依据是出土的俑、墓砖画像，以及古代的绘画作品，难免有隔靴搔痒的问题存在。

一无必要的课题经费，二无充裕的研究时间，三无丰厚的研究资料，在"三无"的艰难条件下，我放弃节假日休息，牺牲睡眠，冷落家人，侵占辅导孩子学习时间，挪用家庭生活费用，又要照顾家里两位耄耋老人，利用自己积累的资料，终于完成了这本书稿，了却了一桩心愿。忽然间想起宋代诗人陆游的几句诗："衣上征尘杂酒痕，远游无处不销魂。此身合是诗人未？细雨骑驴入剑门。"我非诗人，也非才子，草根一个，别无所长，只是有个梦想，有点专注，有份热情，有些痴迷，如此而已。何况现在又处于一个"升职年龄偏大，退休年龄尚小"的尴尬时期，早就不想这些浮尘之事了。此生别无他求，写书是我的挚爱，是我的梦想，我的追求。

本书撰写时，南京市博物馆尧栋先生提供了东吴大墓陶俑图片，深表感谢。本书出版尤其要感谢商务印书馆以及厚艳芬编审的赏识，我的另两本服饰史专著《古代军戎服饰》《古代服饰与时尚》也是厚艳芬老师推荐在商务印书馆出版的。在著作出版没有经费支持非常困难的当下，厚老师与商务印书馆独具慧眼，三本著作均顺利出版，无疑是对我巨大的鼓励。

想象翻看散发墨香的新著，抚摸书皮，书中的每一个铅字都是自己用心一个个敲打出来的，每一张图片是花费精力一幅幅收集起来的。付出了多少，只有天知、地知、我知。想象着新书，仿佛眼前摆着一顿美味可口的大餐，精神的食粮，真的比吃一顿满汉全席还要让我满足。所有的辛劳，所有的痛苦，所有的郁结，此刻都化为乌有。欣慰，快慰，快哉快哉！

黄强（不息）
二○一四年八月二十九日，中华门外大报恩寺原址初稿
二○一九年十二月二十五日雨夜改定，南京劳谦室

又记

因为新冠疫情，我的"服饰史"系列出版时间略有推迟，倒也正好给了我修正图片的机会。

六朝服饰的图像资料是匮乏的，主要是绘画、砖刻画与墓像砖、陶俑三种来源，而这三种来源在色彩记录方面存在问题。绘画褪色，图像不清晰；砖刻画或墓像砖只是线条，无色彩（河南邓县有彩色砖刻，色彩单一）或单色（红色与黑色）；陶俑基本是原始陶色，服饰无色彩表现。六朝服饰非常丰富，色彩也亮丽，但是我们试图通过上述三种来源进行深入了解，却无法如愿。尽管周汛、高春明、刘永华诸先生，复原、绘制了一些六朝服饰图，展示了六朝服饰之美，但是我们所能引用的大多数图像、图片，因为上述的原因，还是无法彰显六朝服饰的精美。我一直在试图采取服饰复原来弥补这一缺憾，也请几位绘画者尝试过，绘制者既要有绘画技能，又要了解传统服饰结构，还要进行创意、创作，不过我又无法支付高额报酬，因此未能达到我期待的效果。

新冠肺炎疫情暴发期的 2020 年春节，响应号召宅家，正在大学读建筑学专业的黄沐天同学正好放假回来，于是对本书中的线描图进行了勾线与设色处理。她有绘画基础，又喜欢传统服饰。我根据文献记载，原始绘画颜色，以及相关资料，进行指导。比如《北史·蠕蠕传》有绯衲小口裤褶、紫衲大口裤褶的记录。河南邓县彩色画像砖中南朝裲裆甲有黄色裲裆，朱红色衣，大口裤。因此，对于邓县画像砖的小口裤褶、大口裤，采用了红色、紫色。官员的佩囊，文献中有青囊一说，对于北朝官员的佩囊，也采用了青色。设色中对于采用何种颜色，我与黄沐天同学反复推敲，色彩比对。因为这是对历史服饰的施色，不同于普通绘画施色，不能完全凭个人喜好、美观来推行。设色图相对服饰复原图要简单，多少可以窥见六朝服饰丰富的色彩，给读者以视觉美感。希望今后有机会，能复原一些六朝服饰图。

黄强（不息）
二〇二〇年二月十二日，南京劳谦室